"三农"培训精品教材

循环农业

王　磊　孙义东　于海宁　主编

中国农业科学技术出版社

图书在版编目(CIP)数据

循环农业 / 王磊，孙义东，于海宁主编 . -- 北京：中国农业科学技术出版社，2024. 7. -- ISBN 978-7-5116-6883-7

Ⅰ. S-0

中国国家版本馆 CIP 数据核字第 2024HV3601 号

责任编辑　姚　欢
责任校对　王　彦
责任印制　姜义伟　王思文

出 版 者　中国农业科学技术出版社
　　　　　北京市中关村南大街 12 号　　邮编：100081
电　　话　(010) 82106631 (编辑室)　(010) 82106624 (发行部)
　　　　　(010) 82109709 (读者服务部)
网　　址　https://castp.caas.cn
经 销 者　各地新华书店
印 刷 者　北京中科印刷有限公司
开　　本　140 mm×203 mm　1/32
印　　张　5. 375
字　　数　150 千字
版　　次　2024 年 7 月第 1 版　2024 年 7 月第 1 次印刷
定　　价　35. 00 元

《循环农业》

编 委 会

主　编：王　磊　孙义东　于海宁

副主编：贺春久　宫文学　马丽亚　冯　曼
　　　　李素霞　南　洁　高玉静　宋利学
　　　　黄　亮　刘伟琪　詹雪萍　梁　勤
　　　　姜　雅　刘玉兰　欧阳娟　刘晓萍

前　言

随着全球人口的增长和资源的日益紧张，传统的农业生产方式正面临着前所未有的挑战。为了实现农业的可持续发展，保护环境，提高资源利用效率，同时满足人们对健康、安全食品的需求，循环农业的概念应运而生。

循环农业就是运用物质循环再生原理和物质多层次利用技术，实现较少废弃物的生产和提高资源利用效率的农业生产方式。与一般农业发展模式相比，循环农业具有资源投入少、能量效率高、物质产出多、环境污染少、系统功能强等诸多优点。

本书从循环农业的基本概念出发，深入浅出地介绍了循环农业的各个方面。全书共八章，包括循环农业概述、循环农业的发展原理、国内外循环农业发展模式、绿色种养循环农业技术、农业生产废弃物资源化利用技术、节水灌溉与养分管理、农业生态环境保护与治理技术、绿色种养循环农业典型案例等。

本书结构清晰、内容翔实、语言通俗。本书不仅适合农业从业者和研究人员深入了解循环农业的理论与实践，还适合政府决策者、环保爱好者以及对农业技术创新感兴趣的人士阅读，为读者提供了关于农业可持续发展的全面视角。

由于时间仓促，水平有限，书中难免存在不足之处，欢迎广大读者批评指正！

主　编

2024 年 4 月

目　录

第一章　循环农业概述

第一节　什么是循环农业

一、循环农业的概念

循环农业是继生态农业、有机农业、可持续农业等诸多农业发展模式之后，提出的一种新的农业发展模式。

循环农业是以资源的高效循环利用为核心，在保护农业生态环境的基础上，优化调整系统内部结构及产业结构，利用现代高新技术提高农业生态系统物质和能量的多梯级循环利用，最大限度地减少对外界环境的污染，实现提高资源利用效率的一种农业生产方式。

通俗地讲，就是在农业生产系统中协调推进各种有效资源往复多层次循环利用，以此实现资源综合利用、节能减排与增收增效的目的，最终实现农业的可持续高质量发展。

二、循环农业的特点

（一）综合性

循环农业的综合性体现在其对农业产业的全面整合和发展。它不仅仅局限于传统的农作物种植，而是将农业的各个部门，如农、林、牧、副、渔等，与现代农村的全产业链结合起来，形成一个相互协作、共同推进的有机整体。这种综合性的发展模式，不仅提升了农业生产的效率，也促进了农业产业的多元化和现代化。

（二）生态性

生态性是循环农业的核心特征之一。它强调在农业生产过程中，要充分保护和合理利用自然资源，如土地、水资源和森林等。循环农业致力于维持这些不可再生资源的总量在一个相对稳定的状态，并不断提高其质量和利用效率。同时，它还注重改善农业生态环境，促进农业生态平衡，从而实现农业的可持续发展。

（三）差异性

由于我国地域广阔，不同区域的农业资源分布极不均衡，自然资源条件和区域经济发展水平也存在显著差异。这种差异性要求各地区根据自身的实际情况，选择适合本地区的发展模式，采用适宜的生产技术和装备，推进与本地区相适应的生态工程。通过发挥各自的优势，弥补不足，实现各区域农业及相关产业的协调发展。

（四）高效性

循环农业的高效性体现在其对资源的多层次利用和产品的多次深加工上。它通过物质循环的原理，促进能源的高效利用，实现最大的经济效益。循环农业不仅解决了废弃资源的再利用问题，降低了生产成本，还为现代农业提高效率提供了有效的发展途径。

（五）协调性

循环农业强调农业生产率的提高必须与自然生态规律相协调，实现人与自然的和谐发展。它倡导在资源的开发、利用、保护和重新培植过程中，不能以牺牲资源和环境为代价。循环农业

的显著特征是可持续发展，其基础在于改善生态环境，保证农产品的质量安全，维护生态平衡，推动现代农业和农村经济社会的可持续发展。

三、循环农业与传统农业的区别

与传统农业相比，循环农业是传统农业的更高层次。循环农业与传统农业的区别主要体现在以下几个方面。

（一）农业系统中物质和能量的流动方式不同

在传统农业系统中，物质和能量的流动是单向的，农业系统从系统外获得物质和能量，进入农业系统的物质和能量通过系统内的生物作用部分转换为人类需要的农产品，在农业生产结束时，农业系统向外排放废弃物。而循环农业则通过农业系统内部的合理组织，实现“废物”资源化，利用“减量化（reduce）、再利用（reuse）、再循环（recycle）”的基本原则（“3R”原则）与循环经济的思想，通过“废弃物-资源”对接的方式将不同的农业生产环节组成一个物质能量回流环，以达到资源多次利用和减量化。循环农业把经济活动组织成为“自然资源-产品和用品-再生资源”的反馈式流程，所有的原料都能在这个经济循环中得到最合理的利用，能源得到多层次开发利用，从而使经济活动对自然环境的影响降低到尽可能小的程度。北京市丰台区长辛店镇李家峪村草莓生产基地在北京市土肥站的帮助下，采用赤子爱胜蚯蚓当“义工”，使基地上成堆的农业废弃物变成了无污染的有机肥，返回到土地中，不仅培养地力，还为基地多年来草莓废弃物的搬运节省了大量的劳动力。

（二）农业生产目标不同

传统农业的生产目标是借助外界的物质、能量投入获得尽可能多的农产品，进入农业系统而未转化为生物产品的部分即为废弃物，因此，传统农业生产的维持需要源源不断地投入物质和能量，而生产的扩大则需要物质、能量投入的增加。循环农业的目标除了获得农产品之外，还增加了一个目标——生态环境可持续。在循环农业中将获得产品和生态环境保护的目标有机协调。

（三）生态环境的保护手段不同

传统农业面对生态保护和生产发展的矛盾时常常显得束手无策，这对传统农业而言是一个两难的选题。在传统农业的资源观下，保护环境的手段就是节能生产。而循环农业则跳出两难境地，同时实现农业生产发展和生态环境保护目标，实现这些目标的手段就是按照循环经济的原则，通过把不同农业生产环节和项目在时空上重新安排，利用“资源（外部的物质和能量输入）-利用（农业生产过程）-资源（再利用，物质能量的输入）”的方式来达到系统外物质和能量输入最小化、系统排放最小化。

（四）生产的环境后果不同

在人类需求总量不断增长的情况下，传统农业的物质和能量单向流动的生产方式必然导致环境负荷越来越重，而循环农业由于形成了闭环系统，物质和能量通过闭环实现循环利用，从而最大限度地减少了向农业系统外的排放，能够有效地将排放控制在环境容量和生态阈值之内。

第二节　循环农业发展的原则和类型

一、循环农业发展的原则

循环农业发展要遵循减量化、再利用、再循环三原则。其目的是真正实现农业生产源头预防和全过程治理，其核心是农业自然资源的节约、循环利用，最大限度发挥农业生态系统功能，推

进农业经济活动最优化。

（一）减量化原则

减量化是循环农业的核心原则之一，它强调在农业生产过程中实现资源的节约和成本的降低。具体来说，这一原则倡导“九节一减”，即通过节约土地、水资源、种子、肥料、农药、电力、柴（煤）、油料和粮食，以及减少农业劳动力的使用，来最大限度地降低农业投入成本。这种节约不仅有助于提高农业的经济效益，还能减少对自然资源的消耗，促进农业的可持续发展。

（二）再利用原则

再利用原则是循环农业的另一个关键组成部分。它鼓励对农产品、土特产品、林产品、水产品及其初加工后的副产品，以及有机废弃物进行深入的开发和加工。通过系列化、反复化和深度化的加工，这些产品能够不断增值，从而提高农业的整体经济效益。再利用原则的实施有助于减少废弃物的产生，同时通过创新的加工技术，为市场提供更多样化的产品。

（三）再循环原则

再循环原则是循环农业的第三个基本原则，它侧重于将农业废弃物重新引入农业生态系统中，实现资源的循环利用。这包括将农村的农业废弃物（如秸秆）、畜禽粪便、生活垃圾等转化为有价值的资源。目前，将这些废弃物转化为沼气和有机肥料是农村地区最可行和最常用的方法。沼气不仅为农村提供了一种清洁的能源，而且有机肥料的使用也有助于提高土壤的肥力，减少对化学肥料的依赖，进一步促进了农业的生态平衡和可持续发展。

二、循环农业发展的类型

（一）以生态农业模式的提升和整合为基础的循环农业模式

这种模式在生产流程中自始至终贯穿着经济、生态、社会三大效益统一的基本思想，这是生态农业模式的精华部分。它强调农业发展的生态整合效应，通过建立“资源-产品-再利用-再生产”的循环机制，实现经济发展与生态平衡的协调，实现“两低一高”（资源低消耗、污染物低排放、物质和能量高利用）的目标。它通过“企业+基地+农户”或农民专业协会等组织形式将散户农民集中管理，扩大生产规模，实行种、养、加一条龙的生产模式。

（二）以农业废弃物资源多级循环利用为目标的循环农业模式

以农业废弃物资源为原料的生物质产业在以往任何一种农业经济模式中都没有被列入整个农业生产系统的循环路径当中。然而，随着国际对于生物质能开发利用的广泛关注，以及各种生物质能转化技术的成熟和发展，作为一种有效缓解全球能源危机问题的主要途径，生物质产业应该引起高度重视。这种模式的特点是将生物质产业作为一个重要的子系统引入整个农业生产系统的循环路径当中，寻求农业废弃物资源，特别是农产品加工业产生的废水、废气、废渣的综合利用途径。在整个循环路径的物流中，没有废物的概念，只有资源的概念。

（三）以循环农业园区为方向的整体循环农业模式

以循环农业园区为方向的整体循环农业模式，是将种植业、养殖业、农产品加工业和生物质产业 4 个子系统纳入循环农业产业体系的闭合循环路径中来，通过外循环（实现由生产到消费过程的转化）及内循环（实现废弃物资源再生产和再利用过程的转化）两条循环流程的物质流动，实现了区域内不同产业系统的物流与价值流的共生耦合及相互依存。

第三节 循环农业的发展现状与对策

一、循环农业的发展现状

（一）我国循环农业取得的成效

我国循环农业发展迅速，已初步形成政府推动、市场引导、社会参与的格局。国家出台了一系列政策措施，全国各地的循环农业试点和示范基地建设也在蓬勃开展。

2021年5月，农业农村部、财政部联合发文，部署开展绿色种养循环农业试点工作，加快畜禽粪污资源化利用，打通种养循环堵点，促进粪肥还田，推动农业绿色高质量发展。2022年，全国251个试点县发挥各自优势，积极探索、扎实推进，将种植业与养殖业紧密结合，形成生态循环农业模式，推动农业绿色低碳发展，降低农业生产成本，绿色种养循环农业试点取得积极成效。

2024年2月，绿色种养循环农业试点启动三年来，中央财政累计安排资金74.02亿元。在畜牧大省、粮食和蔬菜主产区、生态保护重点区域299个县整县推进。支持专业化服务组织提供粪肥收集、处理、施用服务，带动县域内畜禽粪污就近还田，推动化肥减量，促进耕地质量提升和农业绿色发展。

作为推进农业绿色发展的重大举措，绿色种养循环农业试点培育壮大了一批服务组织，集成推广了一批技术模式，为后续推进绿色种养循环农业探索了经验。

（二）循环农业发展面临的问题

1. 技术难题

循环农业需要依靠先进的科学技术，如废物循环利用技术、资源化利用技术、生态修复技术等。这些技术的研发和应用存在一定的难度，且往往需要较高的成本。例如，农业废弃物的有效处理和资源化利用技术尚未完全成熟，需要进一步科研攻关。此外，现有技术的推广和普及也面临障碍，特别是在一些发展中国家，技术的引进和应用受到资金和人才的限制。

2. 经济瓶颈

循环农业的初期投资较大，包括购置相关的处理设备、建设必要的设施等，这对于许多农户和小规模农场来说是一个不小的经济压力。而且，由于循环农业的生产成本相对较高，其产品往往面临市场价格竞争力不足的问题。这就需要政府提供相应的财政补贴和税收优惠政策，以降低生产成本，提高循环农业产品的市场竞争力。

3. 社会认知不足

循环农业的理念和实践尚未在全社会范围内得到广泛的认知和认同。一些消费者对循环农业产品的价值认识不足，导致这些产品在市场上的推广受到限制。此外，部分农业生产者对于循环农业的长远意义和经济效益缺乏足够的了解，因此在实际操作中可能缺乏积极性。为了解决这一问题，需要通过教育、宣传和示范引导等手段，提高公众对循环农业重要性的认识，增强社会各界的参与意识。

二、循环农业的发展趋势

从农业生产的现状、农业生产技术的状况及其发展方向来看，循环农业发展呈现四大趋势。

（一）从“平面式”向“立体式”发展

利用各种农作物在生长过程中的“时间差”和“空间差”进行各种综合技术的组装配套，充分利用土地、光照和动植物资

源，形成多功能、多层次、多途径的高产高效优质生产模式。

（二）从单一农业向综合农业产业发展

以集约化、农业产业园化生产为基础，以建设人与自然相协调的生态环境为长久目标，集农业种植、养殖、环境绿化、商业贸易、观光旅游为一体的综合性农业产业，促进“都市生态农业”的兴起。

（三）从手工操作简单机械化向电脑自控化数字化方向发展

农业机械化的发展，在减轻体力劳动、提高生产效率方面起到了重大作用。电子计算机的应用使农业机械化装备及其监控系统迅速趋向自动化和智能化。计算机智能化管理系统在农业上的应用，将使农业生产过程更科学、更精确。遥感技术（RS）、全球定位系统（GPS）、地理信息系统（GIS）（简称“3S”）及各种检测仪器和计量仪器的农业机械的使用，将指导人们根据各种变异情况实时地采取相应的农事操作，这些都赋予农业数字化的含义。

（四）从传统土地利用方式向多元土地利用方式发展

生物技术、新材料、新能源技术、信息技术使农业脱离土地正在成为现实，实现了工厂化，出现了白色农业和蓝色农业，甚至未来将出现太空农业。

三、循环农业的发展对策

（一）建立适合国情的循环农业模式

1. 国情考量

在制定循环农业模式时，需要深入分析中国的地理、气候、资源分布和农业生产特点，以及农村社会经济状况。考虑到中国地域广阔，不同地区的农业生产条件差异较大，因此需要因地制宜，制定符合当地实际的循环农业模式。

2. 规划制定

基于国情分析，制定长远和阶段性的发展规划，明确发展目标、重点领域和实施步骤。规划应具有前瞻性和可操作性，能够指导循环农业的健康发展。

3. 政策支持

完善政策体系，包括税收优惠、财政补贴、信贷支持等，以激励企业和农民参与循环农业。政策应具有针对性和可持续性，能够真正解决循环农业发展中的实际问题。

4. 投入机制

建立政府、企业、社会资本等多元化的投入机制，确保循环农业有足够的资金支持。多元化的投入机制可以降低单一投资主体的风险，提高循环农业的抗风险能力。

5. 土地利用

优化土地使用政策，支持循环农业项目的土地需求，促进土地资源的可持续利用。土地是农业生产的基础，合理的土地政策可以为循环农业提供稳定的发展空间。

（二）提高循环农业的技术水平

1. 研发投入

国家和地方政府应增加对循环农业科技研发的财政投入，鼓励创新。科技是推动循环农业发展的关键因素，加大研发投入可以加快循环农业技术的创新和应用。

2. 技术推广

建立和完善技术推广体系，确保新技术能够快速有效地传递到农业生产一线。技术推广是连接科技与生产的桥梁，完善的技术推广体系可以提高科技成果的转化率。

3. 企业参与

激励企业增加研发投入，通过税收减免、资金扶持等措施，

提高企业的自主创新能力。企业是技术创新的主体，激发企业的创新活力可以加快循环农业技术的进步。

4. 技术突破

重点支持循环农业中的关键技术研究，如生物肥料、有机废弃物处理、节水灌溉等。关键技术的突破可以解决循环农业发展中的瓶颈问题，提高循环农业的整体技术水平。

5. 国际合作

加强国际交流与合作，引进和消化吸收国外先进的循环农业技术和管理经验。国际合作可以拓宽视野，借鉴国外的成功经验，加速我国循环农业的发展进程。

（三）完善循环农业的政策体系

1. 法规建设

制定和完善循环农业相关的法律法规，为循环农业的发展提供法律保障。法律法规是规范循环农业市场秩序、保护农民利益的重要手段。

2. 政策体系

建立一套完整的政策体系，包括激励机制、监管机制和支持机制。政策体系的完善可以为循环农业的发展提供稳定的外部环境。

3. 标准制定

制定循环农业的相关标准，包括产品质量标准、生产操作规程等。标准是提高循环农产品质量和市场竞争力的重要手段。

4. 认证监管

建立认证体系，对循环农产品进行认证，提高产品的市场认可度。认证可以提高循环农产品的信誉，增强消费者的信心。

5. 政策宣传

通过多种渠道加强政策宣传，加强公众对循环农业政策的了解和支持。政策宣传可以提高政策的透明度，增强社会各界对循环农业的认同感。

（四）加强循环农业的宣传教育

1. 社会认识

通过媒体宣传、公共讲座、展览等形式，提高公众对循环农业重要性的认识。提高公众的认识是推动循环农业发展的重要前提。

2. 绿色理念

推广绿色低碳的发展理念，鼓励消费者选择环保的循环农业产品。绿色理念的普及可以提高循环农业产品的市场需求，促进循环农业的发展。

3. 教育培养

在学校教育中加入循环农业的内容，培养学生的环保意识和实践能力。教育是培养人才的基础，将循环农业的理念融入教育可以为循环农业的发展培养更多的人才。

4. 农民培训

组织农民培训，提高农民对循环农业技术的理解和应用能力。农民是循环农业的直接参与者，提高农民的技术水平可以提高循环农业的整体效率。

5. 从业人员能力提升

对农业企业和合作社的从业人员进行专业培训，提升其业务水平和管理能力。从业人员的素质直接关系到循环农业的经营效果，提高从业人员的能力可以提高循环农业的整体竞争力。

第二章　循环农业的发展原理

第一节　农业循环经济思想的发展

一、循环经济的起源与发展

循环经济的理论萌芽，应该追溯到环境保护运动兴起的20世纪60年代。1962年，美国生态学家蕾切尔·卡森出版了《寂静的春天》，指出了生物圈和人类所面临的威胁。"循环经济"这个概念，是由美国经济学家肯尼思·波尔丁在20世纪60年代初研究生态经济中所谈到的。他受当时发射的宇宙飞船的启发来研究了地球经济社会的发展状况，并指出，宇宙飞船是一种独立无援、与世绝缘的独立体系，靠持续消耗自己的能源生活，但最后也将因能源用尽而灭亡。唯一使其延续生命的办法便是要实行宇宙飞船内部的资源循环利用，即分解呼出的二氧化碳为氧气，分解出尚存养分的生物排泄物为营养物再用，并尽可能少地排出生活垃圾。同理，整个世界经济体系犹如一个宇宙飞船。尽管地球资源系统大得多，地球寿命也长得多，但也唯有实行了对资源循环利用的循环经济，地球才能够长存。"在人、自然环境和技术的大系统内，在资源投入、企业生产、商品消费及废弃的整个进程中，把传统的依赖资源消耗的线性增长经济，转化为依托生态型资源循环来发展的经济"——这一"宇宙飞船理论"也可视作循环经济的早期体现。循环经济学说的具体模式，最典型是在 20 世纪 80 时代末由杜邦集团所明确提出的“3R”原则。

循环经济拓宽了 20 世纪 80 年代的可持续发展研究，把循环经济与生态系统联系起来。在世界环境与发展委员会撰写的总报告《我们共同的未来》中专门写了关于“公共资源管理”的章节，探讨了实现资源的高效利用、再生和循环。20 世纪 90 年代之后，发展知识经济和循环经济成为国际社会的两大趋势，发达国家更是走在循环经济的前列。西方发达国家把发展循环经济、建立循环型社会看作是实施可持续发展战略的重要途径和实现形式。我国从 20 世纪 90 年代起引入了关于循环经济的思想；2003 年开始循环经济理论实践，并于同年将循环经济纳入科学发展观，确立物质减量化的发展战略；2004 年，提出从不同的空间规模，即城市、区域、国家层面大力发展循环经济；标志性的工作是 2006 年把循环经济纳入中国“十一五”规划，分类型推动循环经济各种试点，以及 2008 年通过《中华人民共和国循环经济促进法》并于 2009 年施行。

二、农业的可持续发展

农业循环经济是秉承农业可持续发展理念的新农业发展模式。农业可持续发展是人类在对农业现代化过程中产生的种种弊端进行深刻反思的基础上提出的一种新的战略构想。1985 年，美国加利福尼亚州议会通过《可持续农业研究教育法》，首次提出“可持续农业”的概念。1987 年，世界环境与发展委员会发表题为《我们共同的未来》的研究报告，提出“2000 年开始持续农业的全球政策”。1988 年，联合国粮农组织发布《农业持续发展：对国际农业研究的要求》；1989 年 11 月，联合国粮农组织第 25 届大会通过了有关持续性农业发展活动的决议，强调在

推进经济与社会发展的同时，要维护和提高农业生产能力；1991年4月，联合国粮农组织在荷兰召开农业与环境国际会议，发表了著名的关于可持续农业和农村发展的《丹波宣言》和行动纲领，宣言首次把农业可持续发展与农村发展联系起来，并力图把各种农业的持续发展要素组合到一个系统中，使其更具操作性。

按照《丹波宣言》中的定义，农业的可持续发展是指“采取某种使用和维护自然资源基础的方式，以及实行技术变革和体制改革，以确保当代人及其后代对农产品的需要得到不断满足。这种可持续的发展（包括农业、林业和渔业）旨在保护土地、水和植物遗传资源，是一种优化环境、技术应用适当、经济上能维持下去以及社会能够接受的方式”。这一定义强调了3个基本目标：第一，农业的发展要以资源和环境得到保护为前提；第二，提高农业生产力，以满足社会对农产品的需求；第三，农业生产措施在技术和经济上是可行的。从总体来看，农业可持续发展的目标是追求公平、和谐和效益，实现持久永续的发展。因此，农业可持续发展是指以农业生产要素的合理利用、农业生态环境的有效保护为目标的高效、低耗、低污染的农业发展模式。

《丹波宣言》中提出了可持续农业的三大战略目标。①吃饱、喝足、穿暖的温饱目标。为达到这一目标，要积极主动地发展谷物生产，增加谷物产出，确保谷物的供应与消费，使谷物安全系数（谷物储备占谷物消费的比例）达到17%~18%。与此同时，在确保谷物生产发展的基础上，协调与综合安排其他农产品的生产。②促进农村综合发展的致富目标。从地域观念来看，农村是广阔的天地，必须促进其综合发展。为了达到这一目标，在农业生产发展的同时，必须设法发展农村其他产业，促进农业与农村各种产业综合发展，以便增加农民收入，扩大农村就业机会，使农民摆脱贫困和走向富裕（尤其是贫困地区能够脱贫致富)。③保护资源和环境的良性循环目标。为达到这一目标，要采取各种实际有效的措施，合理利用、保护和改善资源与环境条件，促使这些客观条件能够与人类社会协调发展，永续地处于良性循环之中。可持续农业的这一内涵包含着“农业生态-农业农村经济-农村社会持续性”三者的和谐统一，在同一时空内，农村生态保护、农业经济发展和农村社会进步为同步追求的发展目标。

三、农业循环经济

《中国21世纪发展议程》将我国农业可持续发展进一步明确为：保持农业生产率稳定增长，提高食物生产和保障食物安全，发展农村经济，增加农民收入，改变农村贫困落后状况，保护和改善农业生态环境，合理、永续地利用自然资源，特别是生物资源和可再生资源，以满足逐年增长的国民经济发展和人民生活的需要。

农业循环经济作为农业可持续发展的新模式，就是合理利用一切农业生产要素（包括自然资本、物质资本和人力资本），协调农业生产要素之间的发展关系，使农业生产要素在时间和空间上优化配置，达到农业资源永续利用，使农产品能够不断满足当代人和后代人的需求。

农业循环经济是循环经济系统的一个子系统，在农业资源投入、生产、产品消费及其废弃的全过程中，把传统的依赖农业资源消耗的线性增长的经济体系，转变为依靠生态型农业资源循环来发展的经济体系。它本质上是一种生态经济，要求运用生态学规律而不是机械论规律来指导人类社会的农业经济活动。

与传统农业经济发展相比，农业循环经济的不同之处在于传统农业经济的流向形式是单向的，即“资源-农产品-废弃物排

放”，其特征是高开采、低利用、高排放。在这种经济中，人们高强度地把地球上的农业资源提取出来，然后又把污染和废物大量地排放到水系、空气和土壤中，对农业资源的利用是粗放的和一次性的。而与此不同，农业循环经济倡导的是一种与环境和谐的经济发展模式，它要求把经济活动组成一个“农业资源-农产品-再生资源”的反馈式流程，其特征是低开采、高利用、低排放。所有的农业资源都能在这个不断进行的农业经济循环体系中得到合理和持久的利用，从而把农业经济活动对自然环境的影响降低到尽可能小的程度。因此，农业循环经济是对农业资源的低开采、高利用，实现农业清洁生产，将生态农业建设和提倡绿色消费融为一体，运用生态学规律来指导农业生产活动，是符合可持续发展理念的经济增长方式，是对传统农业经济的否定，是对农业经济传统增长方式的根本变革。它是按照系统论和循环经济学原理，运用科学技术成果和现代管理手段组织农业产业，实现农业资源、环境、经济有机融为一体，良性循环、可持续发展的全新的农业经济发展形势。其基本内涵是：以“以人为本”的科学发展观为指导，统筹处理农业资源利用、经济发展、环境保护中的各种相互关系问题，经农业大系统的经济活动过程有机组合成一个“资源→产品→消费→废物→资源”的经济循环链，将上一个农业经济环节的污染物和废弃物经过适当处置，转化为下一个农业经济环节的新的资源，农业循环就能够朝着农业资源和农业能源消耗零增长、农业生产环境退化速率零增长的目标而努力，因此是一种农业资源高效永续利用、生态环境良性循环的农业发展模式。

第二节　循环农业的路径流程

按照循环经济发展理念：为了满足人类多种多样的需要，还必须对各种农产品进行初加工和深加工；为了最大限度地利用各种废弃物资源，还必须利用生物相生相克的原理或通过废弃物资源化利用，最大限度地实现废弃物的价值，并减少对环境的危害。循环农业的物质流程与产业体现出“横向共生、纵向闭合和系统耦合”，各要素按照物质流动的方向形成一个个产业链条。物质和能量在这些产业链条上或产业链条间实现“物质循环、能量流动、信息传递、价值增值”。

一、循环农业的物质循环路径

从农业生态系统的结构入手，分析“种植业–养殖业–农副产品加工业–副产品利用业（生物质产业）–种植业”的纵向闭合产业链条的结构及各产业之间的关系，可得到循环农业系统基本结构及各产业链条路径。

从整体来看，一个完整的循环农业系统包括 4 个基本子系统，分别是种植业子系统、养殖业子系统、农产品加工业子系统和副产品综合利用业子系统。各个子系统（即农业系统产业链条中的各环节）通过产业链与物质交换联系在一起，形成一个完整的横向共生与纵向闭合的循环链条。其中，农产品加工业和副产品利用业是构建循环农业系统的必需要素和使链条正常运转的决定因子。产业链条中的生产环节越多，它能够提供的消费产品就越多，增值空间就越大。

循环农业系统产业链中的各环节通过物质循环联系在一起。物质是有形的东西，人们通过物质生产来获取所需能量和价值收

益。这里所谓的物质包括两层含义：一是人们普遍认为具有价值和使用价值的农产品；二是人们过去认为不具有利用价值的农业废弃物。无论是农产品还是农业废弃物都是在农业生产活动过程中产生的，它们相伴而生。过去人们单纯地考虑有用资源而忽视废弃物资源。如何使这两类物质在农业生产系统内得到最合理的循环利用以达到环境友好、价值增值的目的，是循环农业研究的主要问题。

根据物质流动方向和资源产品链条构成的不同，循环农业产业链的循环通常包括两条不同方向的循环路径：一是农业生产过程中农产品的顺时针外循环路径；二是可再生资源的逆时针内循环路径。外循环完成农业经济系统由生产到消费的转化，实现了农业资源的节约利用；内循环完成了废弃物资源的再生产和再利用过程的转化，实现了农业“废弃物”的资源化利用。由此可见，循环农业的物流特征为物质闭路循环以及产业链条的延伸与反馈。

二、循环农业的层次

(一) 产业层次

循环农业的产业层次可以分为 4 个层次。

1. 农产品生产层次

在农产品生产层次，循环农业主要关注的是清洁生产。清洁生产旨在满足农业生产的基本目的，同时合理利用环保生产技术，如使用清洁能源和原料，确保农产品的清洁和无公害。这种生产方式力求使污染排放最小化，从而保护环境并提高农产品质量。

2. 农业产业内部层次

在农业产业内部层次，循环农业关注的是物能互换的过程。

包括在种植业中采用轮作等模式，以及在养殖业中采用水体立体养殖、圈养等模式。这些做法旨在实现产业内部的互惠互利，同时尽可能减少废弃物的排放。

3. 农业产业间层次

在农业产业间层次，循环农业的核心是废弃物的资源化利用。包括将农业废弃物与其他产业废弃物进行交换和利用，形成跨产业的产业链条。例如，稻田养鱼模式中，稻田和鱼类养殖形成了一种小的生态系统，实现了废弃物的资源化利用，既保护了环境又提高了经济效益。

4. 农产品消费层次

在农产品消费层次，循环农业关注的是物质和能量的循环。这一层次的循环超出了农业生产本身，进入整个社会大循环的领域。它考虑的是如何将消费后的农产品废弃物返回到农业生产过程中，实现资源的再利用和循环利用。这有助于解决城乡生产生活中废弃物积聚和环境污染的问题。

（二）组织层次

循环农业发展的组织层次一般包括 3 个层次。

1. 最小范围的物质循环系统层次

最小范围的物质循环系统通过农户来实施。农户自身拥有的土地、劳动、技术等生产要素的数量一般较少，即使开展了诸如清洁生产、资源循环利用的活动，所获得的经济效益和社会效益数量仍然较少。

2. 农业工业集群中循环系统层次

这个层次通过发展农业加工业和产业集群，由工业企业来推动主要的物质循环，形成“农户+公司+基地”的利益组合。由于公司拥有的生产要素数量较大，能在更大范围内调动各种资源，有助于资源的循环利用。因此，目前世界各国已经把融入了

现代生产技术和管理手段的农业、工业之间的资源循环作为循环农业的重要推广方向。我国部分发达地区已进入了这个层次。

3. 社会宏观循环经济系统层次

这个层次要求在较大的区域内，使整个经济系统形成生态式的网络。此时，循环农业甚至循环经济只是生态经济系统的组成部分之一。发展第三个层次的循环农业系统是完善循环经济体系的必经环节。与前两个层次的循环农业体系相比，这个层次的循环农业经济体系可以更充分地利用资源，获得更大的经济效益和社会效益。

循环农业经济体系的三个层次从根本上讲是由技术水平划分的。其中，第二个层次和第三个层次都是在现代工业技术出现后才逐步发展起来的，所以，建立循环农业经济体系的根本支点是技术支撑。

三、循环农业的能量转换与效率

物质是能量的载体，因此循环农业系统中的物质循环路径也就是其能量流动路径。由热力学第二定律可知，任何过程的能量利用效率都不可能达到100%，因此一个封闭系统的能量必然随着物质循环而越来越少。农业生态系统是一个开放的系统，外界能量的投入持续地补充系统内部能量的损失。这些外界能量包括光、热、水等自然资源和化肥、农药、机械动力等购买性资源。正是这些外界能量的投入保证了农业生态系统中的能量流动，保证了农业生态系统的存在与发展。

为了节约生产成本和减少污染物排放，就需要提高能量转换效率。在生态系统中，各生物之间的能量传递通过食物链进行，能量流动的载体是食物，因此，在农业生产中可以通过食物链加环技术来达到物质和能量的多层次利用，提高物质和能量的利用效率。循环农业利用不同营养级的动物和微生物，分级、分层次反复循环利用这些物质，使其从上一级子系统转移到下一级子系统，最终转化为能够被人们直接利用的生物产品和生物质能。因此，通过食物链加环、组链，减少非生产循环，增强生产循环，提高物质循环周转率，生产出更多的产品，可提高能量转换效率，减少废弃物排放。

循环农业主张在尽可能低地投入不可再生能源的前提下，挖掘自然能源和自然辅助能源的利用潜力，用可再生能源来替代现代常规农业中外部能量投入高的生产模式，通过科学合理地调整农业系统内部的种植结构及产业结构、引入高新技术等途径使进入农业系统的能量得到最充分的利用，既达到了降低农业成本的目的，又提高了农业系统自身的生产效率。循环农业将农业系统内循环和系统外反馈循环相结合，提高物质循环利用率和能量转化率。

第三节　循环农业的科技支撑体系

循环农业以资源的高效利用和循环利用为核心，在农业生产、消费与流通过程中减少资源、物质的投入量，减少废弃物的产生以及对环境的污染，实现农业经济效益和生态环境效益的“双赢”。因此，循环农业是基于农业科技创新，并以此为主要驱动力，实现人与自然相互和谐的发展模式。循环农业的实践基础是有力的科技支撑体系。

一、标准化生产技术体系

农业标准化是提升农产品质量安全水平、增强农产品市场竞争能力、提高经济效益、增加农民收入和实现农业现代化的基本

前提。它把科研成果和先进技术转化为标准，对农业生产从农田环境、投入品、生产过程到产品进行全过程控制，从技术和管理两个层面提高循环农业的生产水平，实现经济效益、社会效益和生态效益的统一。农业标准主要包括农产品品质、产地环境、生产技术规范和产品质量安全标准。

农业标准化技术体系主要包括：①建立优势和特色农产品生产技术规程应以“安全限量标准”为重点的农业地方标准或技术规范，主要是与农业相关的国家标准和行业标准配套的，包括产地环境、灌溉、施肥、用药、制种、采收、储运、加工等农产品产前、产中、产后各环节的标准化技术；②建立农产品基地标准，主要是粮食、蔬菜、畜产品、水果、水产品、茶叶等六大类农产品产地环境、生产技术规范和产品质量安全标准；③建立为制定上述标准和行政执法提供依据的技术标准，主要包括转基因农产品安全评价标准、农产品质量安全风险评估标准、农业投入品安全性评价标准、农业资源保护与利用标准等。

二、农产品质量安全监测技术体系

农产品质量安全监测技术体系是保障农产品质量安全的重要组成部分，是实现农产品从产地环境、农业投入品、农业安全生产规程到农产品市场准入等“从农田到餐桌”的全程质量管理的重要技术保障，是对产地环境、生产投入品、生产加工过程、流通全过程实施安全监测的需要。农产品质量安全监测内容包括水、土、气等产地环境，种子质量，农药、肥料、动植物生长调节剂、兽药、饲料及其添加剂等农业投入品和农畜产品等。

农产品质量安全监测技术体系主要包括：①完善农产品农药残留、兽药残留以及各类有毒有害物质的检测分析方法；②建立农产品安全监控亟须的有关限量标准中对应的农药、兽药、重要有机污染物、食品添加剂、饲料添加剂与违禁化学品、生物毒素、人兽共患疾病病原体和植物病原的快速检测技术和相关设备，特别是快速、简便、实用、高效的农产品检测检验设备和技术；③土壤农药残留等监测技术；④种子、种苗、种畜质量的检验、监测技术；⑤转基因食品的检测技术。

三、农业投入品替代及农业资源高效利用技术体系

目前施用的农业投入品对农业环境和农产品安全构成了最直接的危害，为此应加快其更新替代，减少化肥、农药和添加剂的污染。依据国际农产品安全生产技术投入品表现以下几种发展趋势：肥料生物化、有机复合化、缓效化；生物农药工程化、产业化、高技术化；饲料环保化、添加剂生物化、产品健康化。

农业投入品替代技术体系主要包括：①建立以开发生物菌肥、新型高效专用复合肥、缓释肥、叶面肥，生物农药、植物源农药、高效低毒低残留农药，兽药、兽用生物制品、兽用消毒剂等为重点的动植物肥、药类替代技术；②建立微生态和酶制剂类饲料添加剂，氮、磷等低排泄的环保型配合饲料等畜禽饲料及添加剂替代技术；③建立新型环保覆盖材料，如液体地膜、渗水地膜、可降解地膜等替代技术；④围绕新型种业体系建设，建立高抗及多抗高产优质农畜品种的引进和选育技术。

农业资源高效利用，以节水、节肥、节药、节地和节能为重点，该项技术体系包括：①建立适用于大田、温室大棚和园林生产的低成本、智能型节水灌溉关键技术及设备，多功能、实用型中小型抗旱节水机具，高效环保节水生化制剂（保水剂、抗旱剂、植物蒸腾抑制剂、抗旱种衣剂等）等新产品开发技术体系；②建立提高农灌水利用效率的循环利用技术；③建立快速、准确、简单的测土配方施肥技术，低容量施药、烟尘施药、静电喷

雾技术，超低量高效药械等先进技术体系；④建立低耗能的农机设备的研制技术体系；⑤建立提高土地利用率和有效防止病虫害发生的新型耕作制度和保护性耕作技术体系。

四、产地环境修复和地力恢复技术体系

良好的产地环境和肥沃的地力是循环农业生产的前提，是源头控制农产品污染的关键。

产地环境修复技术体系主要包括：①建立农产品产地环境监测与评价制度，结合无公害农产品、绿色食品、有机农产品产地认定等对农产品产地环境进行统一评价，划定无公害农产品、绿色食品、有机农产品适宜生产区和限制生产区；②建立土壤障碍因子诊断和矫治技术，污染土壤的植物修复、生物修复、化学修复、物理修复技术以及污染土壤修复标准。耕地地力恢复主要以培育肥沃、健康土壤，提供优质、高效肥料，营造安全、洁净环境为核心，以建设高质量标准农田为重点，建立全面提升耕地质量、提高耕地综合生产力的技术。

耕地地力恢复技术体系主要包括：①建立耕地分区、分类的评价方法；②建立合理的种植结构、优化用肥结构的综合技术。加强土肥新技术、新产品的试验和示范，因地制宜推广多种秸秆还田实用技术和商品有机肥，示范推广果肥结合和粮肥结合等生态种植模式，增加耕地有机肥投入，实现有限土壤资源的永续利用。通过控制和治理酸化、盐化等土壤障碍，提高土壤的适种性和安全性。

五、农业废弃物资源化及其清洁化生产链接技术体系

农业废弃物包括农业秸秆、畜禽粪便、废弃地膜以及农产品加工废弃物等。根据减量化、无害化、资源化的原则，围绕主导

产业废弃物资源化的关键技术和适用技术的集成开发，加强农业产业协会链接思路、途径和模式的整合，通过接口技术，将系统内各部分产生的废弃物衔接成良性循环的整体，加快系统的物质循环和能量的多级传递。

农业清洁生产链接技术体系主要包括：①建立以常规资源环境为代价的农产品加工主导产业的生态化改造技术，实现“整体、协调、循环、再生”模式；②对于畜禽养殖中的污染，主要建立农牧、林牧、渔牧结合的畜禽清洁化养殖模式。

目前，可整合的生态链接技术主要包括：①种植业、畜禽养殖和沼气池配套组合的平原生态农业园；②以鱼塘为中心，周边种植花卉、蔬菜、水果的生态农业园；③动植物共育和混养的生态农业园；④以山林为基地，种养结合的山区生态农业园。这些模式既有各自相对独立的循环系统，又通过各种渠道向外延伸，同整个社会经济紧密连接，构成更大的循环圈。

六、农业信息技术体系

农业生产涉及的因素复杂，且时空差异和变异性大，病虫灾害频繁，生产稳定性和可控程度差，因此对信息技术的依赖性较强。农业信息技术主要包括农业信息网络、农业专家系统和农业遥感技术等。农业信息技术贯穿于农业生产、经营及管理的全过程，是现代农业的重要支撑和标志。

农业信息技术体系主要包括：①建立农业资源环境信息库和网络体系，对农业资源如土地、品种、化肥、农药实施管理和利用，在对全地区耕地质量状况的全面调查、评价和分等定级的基础上，建立数字化、动态化的土壤信息管理系统，采取针对性的土壤治理、改良、培肥综合配套措施，实现对耕地资源的科学利用和管理；②开发农业信息应用软件，如农业专家决策支持系

统，开发用于农作物育种栽培、施肥和灌溉、病虫害防治、田间管理和管理经营等的专家系统，建立以主要畜禽、水产为对象的生产全程管理系统和实用技术系统，利用地理信息系统软件，分析并建立土壤肥力、水土流失、环境污染、病虫害动态、生态和生物系统等模型；③建立符合本地区的精准农业应用技术，即“3S”应用技术。基于全球卫星定位系统和利用计算机控制定位，精确定量，从而极大地提高种子、化肥、农药等农业资源的利用率，提高农业产量，减少环境污染。

第三章　国内外循环农业发展模式

第一节　国外循环农业发展模式

国外循环农业都非常注重保护农业生态环境和实现农业资源的高效利用。它们大多采用先进的科技手段和工业提供的装备，如节水灌溉设备、精量播种机械、精量施药机械、提高肥料利用率的技术与装备、低污染高效低毒农药施药技术与装备、秸秆综合利用装备等来保持农业的良性发展。美国、德国和日本是循环农业发展较早且效果比较显著的国家。这 3 个国家在特定的阶段采取了符合本国国情的循环农业发展模式，对中国循环农业发展具有重要的借鉴意义。

一、美国的“低投入可持续”农业发展模式

（一）“低投入可持续”农业发展模式

美国的“低投入可持续”农业发展模式，简单而言，就是通过减少外界农业生产资源在农业生产中的投入，尽量利用可再生资源来代替外界资源，从而最大限度地减少不可再生资源的使用率，尤其是化肥、农药的使用量，保证不可再生资源的“减量化”原则。

美国是世界上最早发展循环农业的国家之一。尽管美国农业政策体系中并没有“循环农业”这一概念和名词，但其“减量

化”的农业发展模式实际上是在贯彻循环农业的发展理念。在20世纪80年代，美国就提出了“可持续发展”的概念，紧接着制定了可持续农业发展的耕作制度及相关的政策奖励制度。近些年来，随着全球气候变化，农业的碳排放量日渐增加，美国更加注重低投入的可持续农业生产模式。这种模式着重强调再生资源的循环利用，通过法律的形式将不可再生的化肥、农药等使用量控制在人们能够接受的安全水平上，最大限度地减少化肥、农药的摄入，强调维护资源的自然属性，以求获得理想经济效益。美国充分利用高科技的力量，努力发展精准农业。即通过物联网技术的发展，全程式的物联网识别技术能够根据家庭农场的上一年耕作情况遗留下来的数据进行分析，自行对本次耕作提出精准的数据建议，如生产资料的用量、土壤翻耕的厚度、收割的最优方式等。此外，物联网不仅可以对作物进行温度测控、单产计算等，还可以根据作物的密度来控制收割的速度，避免收割过程中粮食的浪费。畜牧业农场可以通过物联网将各类牲畜的信息输入电脑，通过电脑对牲畜饲养的全程进行跟踪，而且电脑还可以根据每头牲畜的个体差异，提供饲料配方指南。这种精准的耕作方式，能够保证投入的最小化和产出的最大化，有助于保护农业生态环境及自然资源。这种减量化的生产方式使得农场主能够根据田间地头的变化，精准调节各种农作物种植措施。目前，这种高科技的信息化技术已经渗透到美国农业的方方面面，大大降低了美国农业的生产成本，提升了其农业经济的竞争力。

据此，可以得出美国循环农业的主要特征：①注重农业的可持续发展，注重输入端的控制，减少农药、化肥的投入，将农业资源开发与长期资源保护结合起来，使得农业资源在时间和空间上达到永续利用；②充分利用科技的力量，精准的农业体系有效地促进了低投入，在输入端实现了资源的有效利用，是循环农业

"减量化"原则应用的典范。

（二）美国循环农业的经验

1. 制定了完善的法律体系

为支持循环农业的发展，美国加大了农业立法对循环农业发展的支持，制定了一系列可持续发展的法律法规，形成了完善而系统的农业发展与资源环境协调发展的立法体系。1965 年出台了《固体废物处理法》，之后又根据不断发展的新情况加以修改，并重新命名为《资源保护和回收法》，这为美国废弃物再回收利用奠定了基础。1990 年《污染与防治》在美国国会通过，并将预防和从源头削减污染定为国策之一。2000 年《有机农业法》颁布，大大促进了美国循环农业的发展。2002 年《农场安全与农村投资法案》颁布，对农村生态环境的保护进一步加大。除此之外，美国还在 2003 年、2005 年、2008 年、2010 年分别修改了此前颁布的《农业持续产出法》《森林、牧场不可再生资源规划利用法》《联邦土地管理及利用法案》《濒危物种保护法》，进一步完善了美国可再生农业资源的开发和利用。虽然这些法律都未以循环农业命名，但都体现了循环农业的主要思想。

2. 注重循环农业的技术推广

美国在循环农业体系中建立了完善的农作制度，包括作物轮作、休闲农作、覆盖物轮作、残茬还田、农牧业混合、水土保持等，这些制度的实施充分保证了农业的生态效益和经济效益的双赢。比如作物轮作制度就是典型例子，一般在玉米、大麦、牧草产业带中实施，即"玉米－大麦（或牧草）－玉米"轮换模式，玉米种植 2 年，再种上大麦套种牧草 3～4 年，最后再种植玉米，如此循环。这种种植模式有助于抑制玉米中的杂草与病虫害，还可以改善作物的养分供给，保持水土稳定。再比如残茬还田办法，主要是将玉米、小麦等作物的秸秆用机械加以粉碎并留在田

中，采用大中型免耕播种机，如此可以大大减少化肥的使用量，增加土壤中有机质含量。此外，像覆盖物轮作制度、农牧业混合模式等，也在东部等水分丰富的地区开展并推广。为了推广覆盖物轮作制度，农业部专门成立了负责该技术的推广站和科研机构，以豆科作物、饲料作物为主，通过种植覆盖物越冬后直接作为肥料还田，经过试验表明，在不使用氮肥的情况下，此种技术能够提升农作物产量 30%~40%，显然，这既增加了作物产量，同时又提升了土壤的品质。

3. 重视循环农业技术研究和教育

美国循环农业的一大特点就是将最新的技术运用到循环农业体系中，构建技术对农业发展的支撑系统，真正实现资源的有效利用和化肥农药的减量投入。为此，美国政府不仅投入大量的资金用于先进生产技术的研究，还将大量的资金用于环境质量标准的建立和环保仪器的研发。其中，美国政府动用国家力量，对环境污染管理和农产品农药残留进行强制检测。此外，定期对农业从业者进行技术培训，并制订严格的培训计划，提高农民的业务素质。

4. 政府的政策支持

美国制定了生态环境保护政策，运用市场手段，按照“谁受益，谁补偿”的原则，建立了生态补偿机制，将有偿使用资源的原则确立下来，浪费资源成本高昂，越来越多的农场主开始本着节约资源的原则，积极转变农业生产方式，对循环农业的发展起到了推动作用。此外，美国从不吝啬对农业的补贴，其中就包括生态环境补贴。美国早在 1968 年就开始实施土地休耕保护计划，损失由政府补贴。2002 年颁布的《农场安全与农村投资法案》，进一步提升了对农业生态环境保护的补贴支持力度，此后的历次农业法案基本上贯彻了这种政策方向。2014 年通过的农业法案，更是推出了多项补贴技术，如湿地保护、水土保持、草地保育等，为农场主提供技术援助或现金补贴。

二、德国的“绿色能源”农业发展模式

（一）“绿色能源”农业发展模式

循环农业需要保持产业的链接性和循环性，需要从整体的角度构建农业、工业及相关产业之间的循环关系，将农业生态系统与工业生态系统进行衔接，促进资源在不同产业中得到多级多层次的循环利用，进而增加产业链，最大限度地多次使用资源，减少废弃物排放是“再利用”原则在农业生产中的体现。

德国农业在整个德国国民经济中占有重要地位。德国农业部在制定农业政策时就给德国农业的功能进行明确定性：德国农业除承担整个欧洲粮食、食品和饲料供应的多样性，还负责种植可再生的“工业作物”，即种植那些可以替代矿物能源和化工能源的经济作物，尤其是种植未来生物质能源原料的经济作物。此外，德国政府非常重视环境保护，即农业除了承担着最基本的农业生产、为经济发展提供动力的任务外，还承担着农业生态环境保护的双重任务，特别是保护物种的多样性，地下水、大气和土壤的良性循环，维持原始的自然景观，保护自然资源等。在此背景下，德国形成了独具特色的综合型农业发展模式。

随着德国重视“工业作物”的发展，逐渐形成了其独具特色的“绿色能源”农业模式。在 20 世纪 90 年代初期，德国的科学家就从一些农作物中提取了可以替代矿物能源及化学工业原料的物质，从而实现了农业系统和生态工业系统联系在一起，以实现农产品的循环再利用。德国科学家成功地从定向培育的甜菜、马铃薯、油菜、玉米中提取乙醇、甲烷等绿色能源。从菊芋类植物中提取了乙醇，从羽豆中提取了工业需要的生物碱。目前，重

视的国内工业作物是油菜籽，其不仅可以作为化工原料直接使用，还可以从中提取植物柴油，成为重要的替代燃料。

德国“绿色能源”农业发展模式是欧洲循环农业的典型代表。其主要特点：一是注重生态系统平衡，德国农业发展模式以保护生态环境为前提，充分尊重客观规律，将农业生产过程与生态系统要求的平衡过程相协调；二是注重保护土壤，德国政府要求农业生产的过程要因地制宜，合理轮作，休养生息；三是注重水资源保护，农业生产过程要合理规划农田，不在水淹区种植作物，同时在水域周围实行绿地保护政策和最佳施肥法，以达到合理栽培，保护水源的目的；四是注重综合经济的发展，即处理好经济发展与环境保护的关系，在注重经济效益的同时，注重生态效益。

（二）德国循环农业的经验

1. 民众具有较高的环境保护意识

德国政府建立了生态补偿机制，一方面使损害农业环境的行为得到了惩罚，另一方面使自觉保护农业环境的行为得到补贴。这种激励机制从根本上提高了人们的环境保护意识，使人们认识到发展循环农业能够从根本上缓解资源的约束，是实现农业可持续发展的必然选择，为循环农业的发展注入了活力。

2. 建立了完善的循环农业法律体系

德国循环农业法律体系较为完善，包括《种子法》《物种保护法》《化学肥料使用法》《植物保护法》《农业垃圾处理法》《水资源管理法》《自然资源保护法》《土地资源保护法》等。就其农业发展而言，在欧盟《生态农业和生态农产品与食品标志法案》基础上，分别于 1991 年、1994 年出台了《种植业管理法》《养殖业管理法》，这两部法律在 2002 年合并为《生态农业法》；2009 年开始严格控制使用污泥肥料，强调除极个别情况外，禁止使用污泥作为肥料，避免有害物质对土地的破坏。

3. 建立了体制健全、高效的农业管理机构

首先，德国的政府农业管理机构职能明确。德国实行联邦、州和行政专区三级行政区划分，州政府下设农业环境部。农业环境部分为两部分：一部分行使农林牧渔业与土地方面行政职能；另一部分就农业技术的研究、咨询、培训等为农民提供服务，有效地将农业环境部门的行政管理职能和社会服务职能合二为一。其次，德国还建立了独立于农业部门之外的类型多样的农业协会。这些农业协会是在自助、自负责任和自我管理原则上建立起来的非政府组织，代表农民和农业企业的利益，承担着协调二者产销活动、向政府提建议的任务，以促进农业的清洁生产或相关法律法规的合理化。这些类型多样的农业协会充分表达了农民的心声，使政府的优惠政策向循环农业倾斜，与官方机构一起协同推动了循环农业的发展。

4. 政府财政的大力支持

德国政府非常重视对农业的补贴，资金主要来源于欧盟、德国联邦政府和州政府。欧盟每年会向其成员国收取一定数量的欧盟共同发展基金，其中约一半用于共同农业政策的贯彻落实，这一部分就成为农民的补贴。德国联邦政府通过政府干预的方式资助和保护农业和农村的发展，对农民给予大量补贴，并且每年会拨付一定的资金给各州，16 个州按拨付资金的 40%配套用于农业发展，各项农业补贴及奖金约占德国农民收入的一半。对发展循环农业的补贴主要有两种方式：一种方式是直接补贴，即农场主按照法律的规定，以土地实际面积获取的政府补贴；另一种方式是转型和维持补贴，即对农场主转型发展循环农业进行补贴，又被称为转型补贴。德国政府通过补贴的方式大大激励了农民投入循环农业生产的积极性，大大推动了循环农业的发展。

5. 注重培训与教育

1972 年德国就出台了《农民职业培训法》，1995 年出台了《农业教育培训法》，近年来，更是推行了一系列的新计划培养生产技能高、掌握现代农业专门知识的新型农民，并采用各种措施鼓励高学历青年加入到农民企业当中。除此之外，政府还充分发挥各种农业职业学校、农业专业学校的作用，举办各种农业技术和循环农业发展的培训班和专题讲座，提高农民在循环农业方面的知识技能。

三、日本的"再循环"农业发展模式

（一）"再循环"农业发展模式

日本循环农业发展模式是指通过终端控制，将农业废弃物重新变成新的资源，这些资源再回归到农业生产过程中，体现了其在农业领域内的一次全程的循环过程。这种"再循环"模式就是注重农业废弃物的重新利用，努力做到变废为宝，提升农业各个环节产品的利用率。

20 世纪 60 年代以来，日本大量使用化肥和农药，在农业经济发展的同时也带来了严重的环境问题，造成社会公害。从 20 世纪 90 年代开始，日本农业发展进入了转型时期，将循环农业作为农业发展的基本战略与方向，在全国范围内兴起了循环农业发展的热潮。在循环农业的发展中，日本各地因地制宜，各具特色。其中日本宫崎县菱镇循环农业较具特色，也是日本循环农业发展较为成功的地区之一，其成功地将生活、农业生产中废弃物有效地转化为有机肥。1988 年，宫崎县就颁布了《自然农业发展条例》，明确在农业生产中禁止使用化学肥料。此后，菱镇开始探索其独特的循环农业模式。

菱镇将下水道的污泥、家畜粪便、农业废弃有机物等投入到专门的发酵设备中，通过发酵，产生的甲烷气体可以用于发电，其他剩下的残留物再进行固液分离，其中固体部分可以通过再行干燥成为肥料，液体部分通过处理后进行排放，充分实现了废弃物的资源化和无害化。日本菱镇循环农业模式最大的特点就是注重终端的控制，实现了废弃物的循环再利用，变废为宝，充分挖掘了废弃物的价值，使其为生产、生活服务，是“再循环”原则的体现。

（二）日本循环农业的经验

1. 多元主体的广泛参与

日本循环农业的发展离不开日本中央政府、地方公共团体、农业经营组织、涉农企业和社会大众的广泛参与。循环农业的发展是一项系统工程，这就需要中央政府的宏观指导。政府必须全面考虑循环农业的发展方向和路径，并为此提供政策保障。但毕竟中央政府的力量是有限的，其职能是制定宏观的基本方略，为循环农业的发展描绘蓝图。农业问题具有特殊性，因此具体实行的方针计划需要因地制宜，这些都是中央政府难以亲力亲为的，这就需要地方公共团体予以具体实施。地方农业经营组织在日本循环农业的发展中发挥着不可替代的作用。日本小农户众多，经营效率较低且难以顾及环境保护，这就需要农业经营组织主导，以提高资源的再利用和废弃物的再循环。为此，在日本农协之外，农户可以自行组织成立专门性的合作社，建立循环农业示范基地，推进种植业和养殖业的互补，比如千叶县循环农业基地就是农户自行组织的合作社建立的。循环农业不仅要在农业产业内部实现循环，还要在产业间实现“大循环”。日本涉农企业的积极配合，使得涉农产业链之间形成了更大范围的循环，促进了生产环节的循环向流通和消费环节延伸，促进了循环型社会的建设。

2. 制定完善的法律体系

日本早就认识到法律在循环农业建设中的指引和依托作用。20世纪70年代，日本政府就颁布了一系列的农业环境保护、农业废弃物利用等方面的法律法规。到20世纪90年代，日本就已经形成了较为完善的循环农业发展法律体系，该体系主要由农业基本法、综合法、专项单行法3个层次构成。其中，基本法包括《食品、农业、农村基本法》《循环型社会基本法》；综合法包括《农业资源有效利用法》《农业废弃物管理与清洁法》等；专项单行法包括《家畜排泄物管理法》《肥料管理法》《食品废弃物循环利用法》等。这3个层次的法律综合构建了日本循环农业的法律体系，促进了日本循环农业的发展。

3. 政府积极提供相应的财税政策支持

日本政府从政策、税收和信贷等方面对循环农业发展提供支持，鼓励农民对循环农业发展进行投资。为了推进农户发展循环农业的积极性，日本政府于2003年出台了保证金制度、征收环境税和设立环保援助资金措施。此外，日本政府还出台政策，对符合条件的环保型农户提供无息贷款。实施基本设施建设的农户还会得到政府或农协的资金扶持，并享受一定程度的税收减免政策。

四、国外循环农业发展模式的经验对中国的借鉴

（一）健全循环农业补贴政策

美国、德国和日本的经验表明，必须建立专门针对循环农业的补贴制度，以促进农业生产方式的转变。中国要紧紧围绕生态安全、粮食安全和农产品质量安全的要求，按照“重点区域、重点领域、重点产品”的原则，采取直接补贴和间接补贴相结合的方式，建立专门针对循环农业发展的补贴制度，积极引导农业生

产方式的转变。按照循环农业的有关要求，分别核算普通农产品和重点生态产品的成本，对差价进行直接补贴，对农民施用有机肥、培养土地生产能力进行直接补贴；对发展循环农业的涉农产业给予税收上的优惠政策。同时，政府还要积极探索其他渠道，为循环农业的发展提供资金支持：一是设立农业建设专项基金，通过利率优惠政策，为涉农企业和农户提供低息中长期贷款；二是充分发挥农村金融机构和小额贷款的作用，为涉农企业和农户发展循环农业提供信贷支持。

（二）构建完善的循环农业发展的法律体系

加快制定发展循环农业的相关法律法规，尽快完善循环农业发展的环境规制体系，成为促进中国循环农业模式发展，加快循环农业发展步伐的关键。目前，中国还没有专门针对循环农业发展的法律法规，因此，中央政府要依据中国国情，进一步完善循环农业发展的法律体系，积极完善发展循环农业薄弱环节法律法规的建立，明确中央政府、地方政府、农业合作组织、涉农企业以及农民在循环农业发展中的权利与义务，明确循环农业发展的途径和方向，健全循环农业发展的支持平台。地方政府要在中央建立健全法律体系的基础上，结合本地的实际，加快地方性法规的建立，按照自然资源状况和经济社会条件，结合农业区域定位和农业功能拓展的要求，充分考虑地区农业生产结构和生产方式，制定农业资源综合利用的发展规划，制定支持循环农业发展的法规及实施办法。

（三）建立产学研合作机制

在循环农业发展过程中，需要技术与人才的支撑，各地政府在循环农业模式发展过程中，要结合本地区的人口、资源、生态环境等因素，制定循环农业发展的具体规划，坚持使循环农业技术开发与农业生产经营活动相结合，建立农业科技研究、开发人

员与循环农业实施主体之间的合作与沟通，促进农业科技开发与农业生产过程的结合。同时，各级政府要按照农业生态环境承载力与农产品市场潜力变化的实际情况，以提升农产品价值链为主导，加强快速堆肥技术、沼气发酵技术、生物质能源技术和生态修复技术的研发，构建政府积极引导、农科教相结合、产学研协作的围绕循环农业产业价值链上下游实现无缝对接的农业技术创新链。

第二节　国内循环农业发展模式

一、立体农业生态模式

立体农业是指种植业、畜牧业与加工业有机联系的综合经营方式。该模式是应用生态位原理，利用自然生态系统中各种生物种群的特点，通过合理的组合，多种类、多层次配置农业生物的垂直空间利用模式。这种模式在我国普遍存在，数量较多。按照配置的不同，又可分为立体种植模式、立体养殖模式和立体种养模式 3 种具体模式。

（一）立体种植模式

立体种植模式是指在同一处栽培 2 种或 2 种以上的植物，根据生态位原理，栽培植物应该采取高秆与矮秆、大个体与小个体、深根与浅根、直立生长与匍匐生长、喜阳与耐阴等搭配种植方式，这样既可充分利用太阳辐射能和土地资源，又能为农作物营造一个良好的生态系统。其主要形式有：农田立体间套种模式、农林（果、茶）复合模式、林药复合模式等。

（二）立体养殖模式

立体养殖模式是指在同一土地或水面上，农业动物与鱼类分层利用空间的一种饲养方式。这种方式可有效地利用一些有机废弃物，实现资源利用最大化和生态经济效益的不断提升。其主要形式有：分层养鱼模式，上层养鸡、中层养猪模式，水面上养鸡或鸭、水体养鱼模式，鱼塘养鱼、塘基养猪模式等。

（三）立体种养模式

立体种养模式是指在同一土地或水面上的植物、动物、微生物分层利用空间的种养结合方式。这种模式将植物和动物结合起来，既可取得较好的经济效益，又可取得显著的生态效益，其主要形式有：稻田养鱼、蟹、鸭模式，果园养鸡、鸭模式，茶园养鸭模式，林下养鸡模式以及林蛙鱼结合的模式等。

二、以沼气为纽带的生态农业模式

以沼气为纽带的生态农业模式是指种养结合，以沼气为纽带，种养比例协调，养殖场清理出来的有机废物进入沼气池，沼气作为能源，用于生活和其他生产，沼液则储存起来，作为有机肥料对种植业进行灌溉。该模式既可节省大量的商品肥料的费用，又可减少燃料的使用成本，经济效益较为可观。同时，沼液作为肥料，可提高土壤有机质含量，增强作物的抗病虫能力，减少周边水体的污染，生态效益也明显提高。其常见形式有：北方的“四位一体”模式、西北的“五配套”模式、禽（畜）-沼-果（林、草）模式和北京留民营模式等。

（一）北方的“四位一体”模式

“四位一体”模式是指利用太阳能建大棚饲养牲畜和种植蔬菜，利用沼气池将人畜粪便发酵生产的沼气来用于生活与照明，将生产沼气产生的沼渣作为种植业所需的肥料，从而形成沼气池、猪禽舍、厕所和日光温室“四位一体”的生态农业模式。这种模式既解决了农村能源供应紧张问题，又使农民的卫生和生

活环境得到有效的改善，同时还减少以往过多投入农药和化肥来促使农作物和蔬菜快速生长的做法，提高了食品的安全性。

（二）西北的“五配套”模式

“五配套”模式是指通过每户建立“沼气池+果园+暖圈+蓄水池+看营房”配套设施，形成以土地为基础，以沼气为纽带，实现以农带牧、以牧促沼、以沼促果、果牧结合的配套发展和良性循环体系。其具体做法：圈下建沼气池，池上搞养殖，除养猪外，圈内上层还放笼养鸡，形成鸡粪喂猪、猪粪池产沼气的立体养殖和多种经营系统。这种模式不但可以净化环境、减少投资、减少病虫害，还可以增收增效，是促进农业可持续发展，提高农民收入的重要模式。

（三）禽（畜）–沼–果（林、草）模式

禽（畜）–沼–果（林、草）模式是为解决畜禽养殖污染问题，探索出来的一种生态农业模式，其具体做法：户户建沼气池，家家养殖一定数量的猪牛等牲畜，种植一定数量的果树。通过沼气的综合利用，大大降低饲养成本，增加农民收入，同时带来可观的经济效益和生态效益。

（四）北京留民营模式

留民营村作为中国生态农业第一村，位于北京郊县大兴区长子营镇。北京留民营模式是典型的生态农业模式，该模式以生态学原理为准则，对产业结构进行了调整，将单一的种植业转换为农、林、牧、副、渔全面发展的产业模式，开发利用新能源和大力植树造林。经过多年的发展，以沼气站为能源转换中心，促进各业良性循环，是一种清洁生产、循环利用的生态农业模式。该模式将居住环境和生产环境有机结合起来，使有限的土地资源得到充分利用，同时，通过对太阳能、生物能和农业系统的有机废料的综合利用，不但使生产生活的废弃物得到有效的处理和利

用，而且还使土壤结构向良性转换，在农业生产上实现了高产、优质、高效和低耗。

三、种–养–加结合型生态农业模式

种–养–加结合型生态农业模式是把种植业、养殖业与农产品加工业结合起来，充分利用加工业的副产品，变废为宝，最终达到增加系统产出，提高系统整体效益的目的。这种模式主要有3种基本形式：粮食–酿酒–酒糟喂猪–猪粪肥田模式、豆–豆制品下脚料喂猪–猪粪肥田模式、花生（或油菜籽）–榨油–饼粕喂猪–猪粪肥田模式。

四、庭院生态农业模式

庭院生态农业模式是继家庭联产承包责任制实施以后迅速发展起来的一种生态农业模式，广大农民利用庭院零星土地、阳台、屋顶进行种植业、养殖业、农产品加工业的综合经营，合理安排生产和经营，做到宜种则种、宜养则养、宜加则加、宜贮则贮，以获得经济效益、生态效益和社会效益的统一。

五、贸工农综合经营模式

生态系统通过代谢过程使物质流在系统内循环不息，并通过一定的生物群落与无机环境的结构调节，使得各种成分相互协调，达到良性循环的稳定状态。这种结构和功能统一的原理，用于农村工农业生产布局和生态农业建设，并形成了贸工农综合经营模式。

（一）龙头企业带动型模式

评估企业的综合实力，以实力较强的企业为龙头，围绕重点产品的生产、加工、销售，联系有关部门和农户，进行一体化

经营。

（二）骨干基地带动型模式

按照“基地化生产，企业化经营”的原则，通过建立各种类型的生态农业基地，兴办专业农场，选择生产技术素质高、经济实力强的农户进行规模生产，统一销售。

（三）优势产业带动型模式

围绕优势产业的发展，成立相应的产品经销服务公司，获取市场信息，指导农民以市场为导向发展生产，并配套相应的社会服务体系，如加工业、运输业等。

（四）专业市场带动型模式

通过建立各种形式的农副产品市场，为农民产销直接见面提供交易场所，达到“建一个市场，活一片经济，富一方群众”的目的。

（五）技术协会带动型模式

围绕某个项目的主要生产，建立民间技术协会，并通过协会向会员提供技术、良种、生产资料、产品销售等服务，把生产、科技和市场紧密地结合起来。

通过各种形式体现的贸工农综合经营模式，有利于延长食物链、生产链和资金链，农林经济得到可持续发展。

第四章 绿色种养循环农业技术

第一节 猪-沼-竹循环养殖技术

一、猪-沼-竹生态种养模式的原理

猪-沼-竹生态种养模式是以麻竹笋加工废弃物生产植物蛋白饲料和生猪粪便生产沼气为核心，把麻竹种植、生猪养殖和农户生活3个孤立的活动组合成一个开放式的互补系统，使一种生物的废弃物成为另一种生物的养料或生产原料，实现物质循环利用，实现经济效益、社会效益和生态效益的高度统一。

将麻竹笋加工废弃物通过青贮或氨化生产植物蛋白饲料喂养生猪。猪的排泄物经干捡粪和固液分离后，粪渣固体经过堆积发酵制成有机肥，将其运输至麻竹林等用作基肥或追肥。污水及猪尿进入沼气池厌氧发酵，产生的沼气作为猪场及周边农村居民的加热能源或用于沼气照明等，沼液则通过专门管道或车辆运输至麻竹林地进行处理。这种模式把麻竹加工废弃物作为饲料被生猪取食，再将猪场粪污作为有机肥被种植的麻竹完全吸收利用，麻竹笋加工废弃物和猪场粪污既不会对环境及水源造成污染，又解决了麻竹笋加工废弃物污染环境的突出问题，还解决了麻竹林的有机肥来源问题，可实现变废为宝、环保生态的目的。

二、猪-沼-竹生态循环利用的技术要点

（一）麻竹林选择

按照种养平衡的原则，根据生猪养殖规模，按照每亩麻竹林地承载生猪限量1~3头的要求选择盛产期的麻竹林。

（二）确定猪场规模

按照种养平衡的原则，根据麻竹林地面积和每亩麻竹林地承载生猪限量1~3头的要求确定生猪养殖规模。

（三）猪场建设

猪场应建设在当地农业、自然资源、林业、生态环境等部门统一规划的适度养殖区内，猪场周围必须要有绿化隔离带或其他防疫措施，最重要的是要有足够面积的配套麻竹林地等进行沼液处理。

（四）沼气配套设施建设

可根据猪场每天产生的沼液量来确定沼气池的容积。沼气池的容量一般按照可容纳9天以上沼液量进行计算。

（五）储液池处理设施建设

储液池按存栏猪0.2米^3/头、稀释池按存栏猪0.15米^3/头的标准进行建造，在每个山坡顶部分别设计储液池和稀释池，盖上顶棚屋顶，防止雨水进入池内，池底防水防漏。储液池建筑总容量不得低于麻竹林生产用肥最大间隔时间内养猪场排放沼液的总量。

（六）麻竹林沼液管网铺设

先将主管道接入稀释池中，自稀释池沿麻竹林与等高线垂直方向布设主管道，再按麻竹栽植的株行距用三通分段沿麻竹林与等高线平行方向布设自流管道，至每一丛竹林处用三通安装喷头。

（七）麻竹笋加工废弃物蛋白饲料配方

麻竹笋加工后废弃的笋节添加5%统糠+3%玉米粉+0.5%甲酸进行青贮，作为生猪的青饲料。

麻竹笋加工后废弃的笋壳添加5%统糠+3%玉米粉+0.5%甲酸+0.5%尿素进行氨化，作为生猪的氨化饲料。

（八）猪场与麻竹林配套管理技术

1. 合理设计，节约用水

将含有猪粪尿的污水进行固液分离，粪渣固体和人工清粪一起进入大容量堆积池自然发酵成有机肥，集中运输至麻竹林等用作基肥、追肥，减少排水量，减轻粪液处理系统后阶段的压力。

2. 连接沼气池与储液池

通过污水泵和管道将沼气池与储液池相连，当沼气池快满时用污水泵将沼液抽到储液池沉淀，每隔30天将储液池中已经沉淀的沼液通过稀释池稀释后，启用喷灌系统给麻竹林自动喷施沼液。

第二节　设施蔬菜-蚯蚓种养循环技术

一、设施蔬菜-蚯蚓种养循环技术的原理

在蔬菜绿色生产栽培过程中，搭配设施菜田蚯蚓养殖改良土壤技术，通过合理的茬口搭配（如蚯蚓-黄瓜-绿叶菜茬口，番茄-绿叶菜-蚯蚓茬口，蚯蚓-绿叶菜茬口），达到土壤绿色可持续生产和蔬菜品质效益双提升的目的。可有效降低蔬菜复种指数，使设施土壤得到休闲，有效解决蔬菜长期连作造成的连作障碍、次生盐渍化、土传病虫害以及土壤质量退化问题，保障蔬菜生产安全、农产品质量安全和农业生态环境安全，促进农业增产

增效，农民增收。它的实施有利于提高蔬菜绿色生产水平，有利于保障农产品的质量安全。

通过设施蔬菜-蚯蚓种养循环绿色高效生产技术实施，设施菜田土壤有机质含量提高5%以上，土壤容重下降10%，化肥使用量减少28.7%~54.5%，土壤质量得到有效提升，生态环境得到有效改善，蔬菜品质得到显著提高。该技术模式既解决了蔬菜废弃物对环境的污染问题，又可就地取材生产有机肥，同时还可改良土壤，达到土壤质量保育的目的。

二、设施蔬菜-蚯蚓种养循环的技术要点

选用高产、优质、抗病品种，培育健康壮苗，采取绿色防控综合防治措施，提高蔬菜丰产能力，增强对病虫草害的抵抗力，改善蔬菜的生长环境。科学合理搭配蚯蚓养殖改良土壤技术，选择春秋季进行2~3个月的蚯蚓养殖，注意饵料制备、养殖床铺设、种苗投放、环境调控、蚯蚓收获及蚓粪还田改良土壤等关键技术步骤。

（一）科学栽培

1. 品种选择

选用适合本地区栽培的优良、抗病品种，黄瓜选用申青、碧玉系列品种，番茄选用金棚1号、浦粉1号、浙粉202、长征908等品种，绿叶菜可根据季节和生产需要选择华王、新场青、苏州青、华阳、广东菜心等青菜，早熟5号、好运快菜等杭白菜品种，黄心芹、美丽西芹等芹菜品种。

2. 培育壮苗

采用营养钵或穴盘育苗，营养土要求疏松通透，营养齐全，土壤酸碱度中性到微酸性，不能含有对秧苗有害的物质（如除草剂等），不能含有病原菌和害虫。建议使用工厂化生产的配方营

养土。

苗期保证土温在18~25℃，气温保持在12~24℃，定植前幼苗低温锻炼，大通风，气温保持在10~18℃。

3. 水肥一体化技术

茄果类、瓜类等长周期作物采用比例式注肥泵+滴灌水肥一体化模式，选用高氮型和高钾型水溶肥料，视作物生长情况追肥4~8次，高氮、高钾肥料交替使用。绿叶菜类蔬菜根据生长情况追施1~2次高氮型水溶肥料，采用比例式注肥泵+喷灌的水肥一体化模式。

4. 清洁田园

及时中耕除草，保持田园清洁。蔬菜废弃物进行好氧堆肥资源化利用。

（二）设施菜田蚯蚓养殖技术

1. 饵料制备

（1）配制原则。饵料配制碳氮比应合理，一般为20~30。以牛粪+蔬菜废弃物堆制为佳，也可采用猪粪、羊粪等其他畜禽粪便+蔬菜废弃物经堆沤后作饵料。饵料投放前必须进行堆沤发酵。如果将未经发酵处理的饵料直接投喂蚯蚓，蚯蚓会因厌恶其中的氨气等有害气体而拒食，继而因饵料自然发酵产生高温（可达60~80℃）并排出大量甲烷、氨气等，导致蚯蚓纷纷逃逸甚至大量死亡。

（2）发酵条件。养殖蚯蚓的饵料发酵一般采取堆沤方式。堆沤发酵需满足以下条件：①通气，在堆沤发酵时必须要有良好的通气条件，可促进好氧性微生物的生长繁殖，加快饵料的分解和腐败；②水分，在堆沤饲料时，饵料堆应保持湿润，最佳湿度为60%~70%；③温度，饵料堆内的温度一般控制在20~65℃。pH值6.5~7.5为宜。

（3）堆沤操作。如有条件，应在堆场进行饵料堆沤。料堆的高度控制在 1.2~1.8 米，宽度约 3 米，长度不限。高温季节，堆沤后第二天料堆内温度即明显上升，表明已开始发酵，4~5 天后温度可上升至 70℃左右，然后逐渐降温，当料堆内部温度降至 50℃时，进行第一次翻堆操作。翻堆操作时，应把料堆下部的料翻到上部，四边的料翻到中间，翻堆时，要适量补充水分，以翻堆后料堆底部有少量水流出为宜。第一次翻堆后 1~2 天，料堆温度开始上升，可达 80℃左右，6~7 天之后，料温开始下降，这时可进行第二次翻堆，并将料堆宽度缩小 20%~30%。第二次翻堆后，料温可维持在 70~75℃，5~6 天后，料温下降，进行第三次翻堆并将料堆宽度再缩小 20%。第三次翻堆后 4~5 天，进行最后一次翻堆，正常情况下 25 天左右便可完成发酵过程，获得充分发酵腐熟的蚯蚓饲料。

（4）质量鉴定。发酵好的粪料呈黑褐色或咖啡色，质地松软，不黏滞，即为发酵好的合格饵料。一般最常用的饵料鉴定方法为生物鉴定法，具体操作方法：取少量发酵好的饵料，在其中投入成蚓 200 条左右，如半小时内全部蚯蚓进入正常栖息状态，48 小时内无逃逸、无死亡现象，表明饵料发酵合格，可以用于饲养蚯蚓。

2. 养殖床铺设

设施大棚前茬蔬菜清园后可进行养殖床铺设，一般应选择在已发生连作障碍的大棚进行。养殖床铺设一般沿着大棚的长度方向进行铺设，养殖床长度以单个大棚实际长度为准，饵料铺设宽度在 2~3 米，厚度 15~20 厘米，饵料铺设应均匀。单个大棚一般铺设 2 条，中间留 1 条过道，也可铺设 1 条，居中，宽度 4~6 米。养殖床的设置应以方便操作为原则。若直接采用新鲜牛粪或干牛粪铺设养殖床，应在铺设后密闭大棚 15 天，7 天左右进行一次翻堆，确保牛粪充分发酵。饵料投放量不少于 15 吨/亩。

3. 种苗投放

选择比较适宜当地环境条件或有特殊用途的蚯蚓种苗进行养殖，一般选择太平 2 号、北星 2 号等。蚯蚓种苗的投入量不少于 100 千克/亩。蚯蚓投放前将养殖床先浇透水，然后将蚓种置于养殖床边缘，让蚯蚓自行爬至养殖床。

4. 养殖管理

（1）及时翻堆。养殖过程中应保持床土的通气性，及时对养殖床进行翻堆 2~3 次。

（2）水分管理。养殖床应上层透气、滤水性良好、适时浇水保持适宜湿度约 65%（手捏能成团，松开轻揉能散开）。夏季（5—9 月）温度较高，蒸发较快，每天浇 2 次水，早晚各 1 次，每次浇透即可，可采用喷淋装置进行淋水。7—8 月易出现连续高温天气，建议蚯蚓养殖尽量避开这段时间。其他季节温度低，蒸发慢，每隔 3~4 天浇 1 次水，早上或傍晚均可。

（3）温度与光照控制。夏季应多层遮阳网覆盖，并采取浇水、覆盖稻草等方式来降低棚内温度，同时，应打开大棚两边的门以及四边的卷膜，以此促进空气流动，降低棚内温度。冬季低温时，压实四边卷膜，晚上关闭大棚两边的门，白天打开两边门，增加空气流通。

整个养殖期间应保持蚯蚓适宜的生长温度。一是覆盖遮阳网。蚯蚓喜欢阴暗的环境，养殖蚯蚓大棚必须遮盖遮阳网，创造阴暗环境并在夏季降低棚内温度。取遮阳网均匀盖在大棚顶膜上，四周固定，防止大风刮落，一般盖 1 ~ 2 层，以降低温度。养殖床上再遮盖一层遮阳网，创建阴暗潮湿的环境，以利于蚯蚓取食，活动。二是覆盖干稻草或秸秆。在整个养殖过程中可以在养殖床上盖一层干稻草或秸秆厚度约 5 厘米，夏天可以遮阳降低

温度，冬天可以起到保温作用，还可以避免浇水时的直接冲刷。

（4）病虫害防治。一是病害防治。蚯蚓的病害一般为生态性疾病，一类是毒素或毒气中毒症，另一类是缺氧症。管理过程中应注意基料发酵的完全性、养殖床的透气性和蚯蚓养殖环境的通风性。二是虫害防治。蚯蚓的天敌一般为捕食性天敌，如鼠、蛇、蛙、蚂蚁、蜈蚣、蝼蛄等。可根据其活动规律和生理习性，本着“防重于治”的原则，有针对性地防治，比如，堵塞漏洞、加设防护罩等，一旦发现可人工诱集捕杀。

5. 收获管理

整个养殖周期自蚯蚓投放后不少于3个月，冷凉季节应适当延长养殖时间。养殖满3个月左右可进行蚯蚓收获。蚯蚓收获方法：在蚯蚓养殖床表面或两边添加一层新饵料，1~2天后，将蚯蚓床表面10厘米或床边上的蚓料混合用叉子挑到之前铺好的塑料薄膜或地布上，利用蚯蚓的惧光性将表面的基料一层一层剥离，最后可得到纯蚯蚓。

6. 还田改土

一般每亩可收获蚓粪3吨左右。养殖结束后一般可采用以下方法进行土壤改良：①使用旋耕机直接将蚯蚓和蚓粪翻入土中，进行改良土壤，后茬种植蔬菜；②收获蚯蚓后，再用旋耕机将蚓粪翻耕入土，进行改良土壤，后茬种植蔬菜。

（三）绿色高效茬口

1. 蚯蚓–黄瓜–绿叶菜茬口

（1）茬口安排。

第一茬：养殖蚯蚓。1—4月在大棚内养殖蚯蚓，沿着垂直于大棚长的方向铺设2条蚯蚓养殖床，每条宽度2~3米，厚度10~20厘米，中间过道宽度1.5~2米。为了保证蚯蚓养殖过程中的温湿度，大棚顶膜上需铺设一层遮阳网，棚内配备2条喷灌带。养殖床上投放蚯蚓种苗，每亩 100 千克。冬季养殖床面上要铺设一层稻壳或稻草以保温，蚯蚓饵料采用牛粪：蔬菜废弃物秸秆=2：1 的比例进行配置并发酵 10~15 天，每亩用量 15 吨以上。养殖 3~4 个月后每亩留 1 000 千克左右的蚓粪作为下茬作物的基肥，将蚯蚓及余下蚓粪转移到其他棚内进行土壤改良。

第二茬：种植黄瓜。5 月在养殖过蚯蚓的棚内定植黄瓜。根据黄瓜长势于 6 月底开始采收，到 8 月中旬采收结束。黄瓜种植过程中，基肥使用 1 000 千克/亩的蚯蚓粪肥+30 千克/亩复合肥，可以较常规化肥用量（50 千克/亩）减少 40%左右。在黄瓜后续生长过程中，采用比例式注肥泵+滴灌的水肥一体化模式，根据长势，适当追施 4~8 次水溶肥，直至采收结束。生产过程中采用“防虫网+诱虫板”的绿色防控技术。

第三茬：种植绿叶菜。根据生产安排和市场需求，种植 1~2 茬绿叶菜。以青菜为例，第一茬青菜可于 9 月定植，10 月底采收。种植前施入蚯蚓肥 500 千克/亩+15 千克复合肥。第二茬青菜于 10 月底定植，11 月底至 12 月上旬采收。此茬青菜种植时只需施入 15~20 千克/亩的复合肥即可。生产过程中视蔬菜生长情况追施 1~2 次高氮型水溶肥料，采用比例式注肥泵+喷灌的水肥一体化模式。栽培管理中采用“防虫网+诱虫板”的绿色防控技术，并推荐使用生物农药。

（2）化肥减量。蚯蚓养殖可降低蔬菜复种指数，减少一茬蔬菜种植。蚯蚓养殖改良土壤后，黄瓜基肥中化肥用量（30 千克/亩）较常规生产（50 千克/亩）减少 40%，追肥采用水肥一体化模式，可减少化肥用量 15%。青菜生产中基肥化肥用量（15 千克/亩）较常规生产（20 千克/亩）减少 25%，追肥化肥用量减少 10%。综合计算，该茬口模式较常规生产全年可减少化肥用量 54.5%。

2. 番茄–绿叶菜–蚯蚓茬口

(1) 茬口安排。

第一茬：番茄。3月上旬定植番茄，可选择浦粉、金棚1号、欧曼等优良品种。根据番茄长势于5月底开始采收，到7月中旬采收结束。番茄种植过程中，基肥使用1 000千克/亩的蚯蚓粪肥+30千克/亩复合肥，较常规生产复合肥用量减少40%左右。在番茄生产过程中，采用比例式注肥泵+滴灌的水肥一体化模式，根据长势，适当追施4~6次水溶肥，直至采收结束。生产过程中全程采用“防虫网+诱虫板”的绿色防控技术。

第二茬：绿叶菜。根据生产安排和市场需求，种植1~2茬绿叶菜。以青菜为例，第一茬青菜可于8月直播，9月采收。种植前施入蚯蚓肥500千克/亩+15千克复合肥。第二茬青菜于9月定植，10月采收。此茬青菜种植时只需施入15~20千克/亩的复合肥即可。生产过程中视蔬菜生长情况追施1~2次高氮型水溶肥料，采用比例式注肥泵+喷灌的水肥一体化模式。栽培管理中采用“防虫网+诱虫板”的绿色防控技术，并推荐使用生物农药。

第三茬：养殖蚯蚓。11月至翌年2月在大棚内养殖蚯蚓，沿着垂直于大棚长的方向铺设2条蚯蚓养殖床，每条宽度2~3米，厚度10~20厘米，中间过道宽度1.5~2米。为了保证蚯蚓养殖过程中的温湿度，大棚顶膜上需铺设一层遮阳网，棚内配备2条喷灌带。养殖床上投放蚯蚓种苗，每亩100千克。冬季养殖床面上要铺设一层稻壳或稻草以保温，蚯蚓饵料采用牛粪：蔬菜废弃物秸秆=2：1的比例进行配置并发酵10~15天，每亩用量15吨以上。养殖3~4个月后每亩留1 000千克左右的蚯蚓粪作为下茬作物的基肥，将蚯蚓及余下蚓粪转移到其他棚内进行土壤改良。

（2）化肥减量。蚯蚓养殖可降低蔬菜复种指数，减少一茬蔬菜种植。蚯蚓养殖改良土壤后，番茄基肥中化肥用量（30 千克/亩）较常规生产（50 千克/亩）减少 40%，追肥采用水肥一体化模式，可减少化肥用量 15%。青菜生产中基肥化肥用量（15 千克/亩）较常规生产（20 千克/亩）减少 25%，追肥化肥用量减少 10%。综合计算，该茬口模式较常规生产全年可减少化肥用量 54.5%。

3. 蚯蚓-绿叶菜茬口

（1）茬口安排。

第一茬：养殖蚯蚓。1—4 月在大棚内养殖蚯蚓，沿着垂直于大棚长的方向铺设 2 条蚯蚓养殖床，每条宽度 2~3 米，厚度 10~20 厘米，中间过道宽度 1.5~2 米。为了保证蚯蚓养殖过程中的温湿度，大棚顶膜上需铺设一层遮阳网，棚内配备 2 条喷灌带。养殖床上投放蚯蚓种苗，每亩 100 千克。冬季养殖床面上要铺设一层稻壳或稻草以保温，蚯蚓饵料采用牛粪：蔬菜废弃物秸秆=2：1 的比例进行配置并发酵 10~15 天，每亩用量 15 吨以上。养殖 3~4 个月后每亩留 500 千克左右的蚯蚓粪作为下茬作物的基肥，将蚯蚓及余下蚓粪转移到其他棚内进行土壤改良。

第二茬：绿叶菜。根据生产习惯和市场需求，种植 3~5 茬绿叶菜。第一茬生菜可于 5 月种植，6 月底采收。种植前施入蚯蚓肥 500 千克/亩+15 千克左右复合肥。第二茬青菜可于 7 月初种植，7 月底至 8 月上旬采收。此茬青菜种植时只需施入 15~20 千克/亩的复合肥即可。此后可根据市场及生产安排跟种 1~3 茬绿叶菜，如杭白菜、生菜、芹菜等。生产过程中视蔬菜生长情况追施 1~2 次水溶肥，采用比例式注肥泵+喷灌的水肥一体化模式。栽培管理中采用“防虫网+诱虫板”的绿色防控技术，并推荐使用生物农药。

（2）化肥减量。蚯蚓养殖可降低蔬菜复种指数，减少 1～2 茬蔬菜种植。蚯蚓养殖改良土壤后，绿叶菜生产基肥中化肥用量（15 千克/亩）较常规生产（20 千克/亩）减少 25%，追肥采用水肥一体化模式，可减少化肥用量 10%。综合计算，该茬口模式较常规生产全年可减少化肥用量 28.7%。

第三节　稻渔综合种养技术

稻渔综合种养是典型的生态循环农业模式。近年来，稻渔综合种养产业快速发展，为保障粮食和水产品供给、促进农民增收和推进乡村振兴作出积极贡献。2022 年 10 月 27 日，农业农村部发布的《关于推进稻渔综合种养产业高质量发展的指导意见》中提出稻渔综合种养产业的总体目标：到 2025 年，发展稻渔综合种养的地区粮食生产能力稳步提升，水产品供给能力不断提高，集成创新一批绿色高效典型模式、建设提升一批稻渔综合种养产业示范园区、培育壮大一批新型生产经营主体、推介打造一批稻渔综合种养相关知名品牌。到 2035 年，实现稻渔综合种养产业规范、产品优质、产地优美、产区繁荣的高质量发展格局。

一、稻鲤综合种养

（一）田间工程

1. 进排水系统改造

对于新开挖的养鱼稻田，进排水口一般设在稻田的两对角，以保证水流畅通，进排水口大小根据稻田排水量而定。对于旧的养鱼稻田应进行检查，夯实进排水口，防止漏水。

2. 沟坑整修及田埂加固

对于新开挖的养鱼稻田，在插秧之前开挖好鱼沟、鱼凼（沟坑占比不超过稻田面积的10%)，并加固田埂，可在坡边和田埂种植三叶草等植物护坡稳坡。对于旧的养鱼稻田则需要对鱼凼、鱼坑等进行整修。

3. 防逃防害防病设施建设

在进排水口处安装拦鱼栅，防止鱼逃走和野杂鱼、敌害等进入养鱼稻田。有条件的地区建议在田间安装诱虫灯。

(二) 苗种暂养

部分地区可选择水源条件好的田块筑埂蓄水，作为临时苗种培育区，用于强化培育苗种。培育至初夏，水稻插秧后，再将大规格苗种移至稻田中养殖。

1. 苗种培育区改造

对合适的田块进行必要的改造，主要包括加深鱼沟、鱼凼深度，加高加固田埂，调整进排水管高度，主要目的是确保蓄水量。

2. 苗种选择及放养

从正规苗种场选购活力好、体表完整、规格整齐的优质苗种。根据鱼种的规格确定放养密度。

3. 饵料投喂

正常情况下，按“四定”(定时、定质、定量、定位)投饵法投喂饵料，日投饵量为鱼体重量的2%～3%，遵循“三看”(看鱼、看水、看天)原则，并根据实际情况灵活调整；在天气闷热或天气骤变、气温过低时，要减少投饵量或暂停投饵。

4. 日常管理

坚持每天早晚巡查，主要观察水色、水位和鱼的活动情况，及时加注新水。

(三) 病害防治

1. 疾病预防措施

投放鱼苗前，可用生石灰、二氧化氯等对田块进行消毒。购

买的苗种投放前，可使用3%~5%的食盐或按说明使用高锰酸钾溶液等进行浸浴消毒。

2. 科学合理用药

应坚持预防为主原则，当苗种发生病害，或水中有害生物大量生长时，科学合理使用药物。

（四）苗种及投入品运输

1. 苗种运输

运输前苗种需要停食一段时间，一般为12~24小时；运输过程中要保持溶氧充足，不使用麻醉剂；运输苗种密度适宜，防止密度过大造成挤压而引起外伤等；运输过程中使用的器械均应消毒；注意观察鱼的活动情况，若有浮头、死亡等，需要及时换水；苗种放入稻田前注意调节水温，将运输水温与田间水温的温差调节至2℃以内。

2. 饲料等渔需物资运输

需注意防水防暴晒，春季雨水较多，夏季气温炎热，运输和保存过程均注意防止饲料等渔需物资劣变。

二、稻虾（小龙虾）综合种养

（一）小龙虾苗种放养

1. 选择良种

苗种要求体表光洁、体质健壮、规格整齐、附肢齐全、健康无病。应尽量避免选择多年自繁自育、近亲繁殖的苗种，优先选择繁养分离且冬季根据天气水温情况适当投饵保肥的苗种，有条件的需要进行苗种检疫。

2. 适时放种

养殖早虾的宜在3月中旬前后投放苗种，养殖常规虾的可在3月下旬至4月下旬投放苗种。虾苗密度一般控制在6 000~

8 000 尾/亩。对于苗种自繁自育的稻田，虾苗太多的要及时出售或者分池养殖，虾苗较少的可以适当补充。

3. 水质调控

及时调水，水质一般以黄绿色或油青色为好，水体透明度以30~35 厘米为佳。若发现水质老化，可注入少量新水后，用生石灰加水后全池均匀泼洒或使用有益微生物制剂及小球藻种调节水质。若水色清淡则应适时追肥。施肥要坚持“看水施肥、少量多次”的原则，以确保水质“肥、活、嫩、爽”。及时施肥，初春季节藻类繁殖比较慢，肥水相对困难。肥料可以选择发酵好的农家肥或生物有机肥，建议在晴天中午施用。

4. 饵料投喂

正常情况下，由于初春季节小龙虾体质较弱，可适当使用一些优质配合饲料，也可投喂诱食性好的鱼肉、蚯蚓等动物性饵料或高蛋白的豆浆，可适当提高投喂频率。

（二）病害防治

1. 疾病预防措施

降低密度，适时通过分塘转移、捕大留小等措施，减少小龙虾存塘量，降低养殖密度。操作过程中应注意避免小龙虾受伤或引起应激反应。水中溶氧过低会产生氨氮、亚硝酸盐和硫化氢等有害物质，应注意增氧，避免因水质恶化引起的缺氧问题。要合理投喂优质饲料，提高免疫和抗应激能力。

2. 科学合理用药

注意药物适用对象、用量和配伍禁忌。尽量选择刺激性较小的外用药物，减少小龙虾的应激反应。不使用非法药品，尤其是杀青苔类产品更要慎重使用。

3. 重要疫病防控

春季天气不稳定，小龙虾易发生纤毛虫病、白斑综合征和细

菌性肠炎。要坚持“防重于治”，做到“早发现、早诊断、早处置”，做好病虾隔离，切断传播途径。

（三）苗种及投入品运输

1. 苗种运输

对于短途运输，建议使用可透水的塑料筐装虾，并在筐内设置密眼无结节网片将虾体与塑料筐隔开以减少擦伤，每半小时喷水一次保持虾体湿润；小龙虾堆叠的高度不宜超过15厘米。对于超过2小时的长途运输，使用可透水的塑料筐时，小龙虾堆叠高度应控制在10厘米以内，喷水时应添加抗应激物质，有条件的应在小龙虾上下两层覆盖少量水草帮助保湿透气。气温高时建议使用空调车运输，要注意温度的变化，防止小龙虾放养时因体温与水温差距过大产生温度应激反应造成大量损耗。

2. 饲料等渔需物资运输

做好投入品计划和运输安排，多预留出1~2周的使用期限进行采购。运输时，装车完毕后要防止烈日暴晒或天气突变。

三、稻蟹综合种养

稻蟹综合种养分为稻田养殖扣蟹和稻田养殖成蟹两种模式，放养时间相对较晚，目前应提前做好生产准备，主要包括田间工程、育秧和扣蟹暂养等。

（一）田间工程

1. 田埂加固

加固夯实养蟹稻田的田埂，根据土质情况田埂顶宽50~100厘米，高50~80厘米，内坡比为1∶1。

2. 防逃设施建设

每个养殖单元在四周田埂上构筑防逃墙。防逃墙材料采用尼龙薄膜，薄膜高出地面50~60厘米，每隔50~80厘米用竹竿当桩。对角处设进排水口，进排水管长出埂面 30 厘米，将防逃网套住管口，防逃网目尺寸以养殖蟹苗/扣蟹不能通过为宜，同时可以防止杂鱼等进入稻田，与蟹争食。

（二）扣蟹暂养

待稻田插秧后，根据气温、供水条件等及时起捕扣蟹投放到养殖稻田。

1. 扣蟹暂养区改造

选择靠近养蟹稻田、水源条件好的冬闲池塘或预留一块稻田作为暂养区。暂养区沟坑深度要达到 1.5 米，并预先移栽水草。水草首选当地常见种类，并注意疏密搭配，总面积占暂养区 2/3 左右。

2. 扣蟹选择

选择规格整齐、体质健壮、体色光泽、无病无伤、附肢齐全，特别是蟹足指尖无损伤、体表无寄生虫附着的扣蟹。

3. 饵料投喂

当水温超过 8℃时候，要适时投喂精饲料，增强扣蟹的体质。根据水温和摄食情况，可按蟹体重 0.5%～3%投喂。

4. 水质调控

及时调水，选择盐度 2‰以下、pH 值 7.8～8.5 的井水、河水或水库蓄水。注意换水时间，确保水温变化幅度不大。使用井水时，一定要注意应充分曝气和提高水温。

5. 日常管理

坚持每天早晚巡查，主要观察扣蟹摄食、活动、蜕壳、水质变化等情况，发现异常及时采取措施。

（三）病害防治

1. 降低密度

北方地区冬季扣蟹需集中越冬，待春季气温回暖，需及时分

塘，降低密度。扣蟹暂养至水稻插秧后应及时起捕投放，避免暂养区内密度过高诱发疾病。

2. 增加溶氧

暂养区可根据实际条件增加微孔增氧等设施，提高水体溶解氧含量。

3. 合理投喂

根据暂养区密度，适量投喂，既要保证饵料充足，又要防止过多投喂影响水质。

（四）苗种及投入品运输

1. 苗种运输

运输期间要注意选择合适天气及保持适宜温度，尤其是在不同省份购买蟹种需长途运输时，更要注意运输中的温度，避免温差过大。

2. 饲料等渔需物资运输

运输时注意消毒，必要时选用 84 消毒液对饲料和肥料的外包装、渔业机械、网具和车辆进行消毒，对特殊动保产品外包装选用 75%酒精进行抹擦清洁消毒。

四、稻鳅综合种养

（一）田间工程

1. 稻田选择

选择水源充足、进排水方便、不受旱涝影响的稻田，水质清新无污染，田块底层保水性能好。稻田土质肥沃，以黏土和壤土为好，有腐殖质丰富的淤泥层。

2. 稻田改造

一般采用“边沟+鱼坑”形式，稻田中间可开挖“十”字沟。在稻田的斜对角设置进排水口，并在进排水口安装拦鱼栅。

进排水口是泥鳅可能逃跑的主要部位，必须做好防逃措施。沟坑的开挖，主要根据稻田放养泥鳅的规格和数量以及预期产量而定，要做到“三沟”（暂养沟、环沟、田间沟）沟沟相通，“三沟”面积以占种养总面积的5%左右为宜。稻田养鳅成功与否的关键之一是能否做好防逃工作，除进排水口外，应在埂基四周埋设防逃网片，可采用20~25目的聚乙烯网片，埋入土下15~20厘米，防止泥鳅钻洞逃逸。

（二）存塘泥鳅暂养

1. 水质调控

春季天气不稳定，导致水温变化较大，水质调控非常关键。随着天气渐暖，温度回升，要注意控制水位，保持田面水位30~40厘米，环沟水位130~140厘米。及时施肥，有机肥料必须充分发酵和消毒，做到少施、匀施、勤施。晴天上午施肥为好，不在阴天、雨天施肥。一般每亩可施充分发酵的有机肥30~50千克。

2. 密度控制

总的原则是尽量降低存塘泥鳅养殖密度，建议根据市场行情，不断捕捞出售，养殖密度不超过1万~2万尾/亩。

3. 饲料投喂

要坚持“四定”原则，每天2次，9:00和17:00左右各投喂1次，饲料投在环沟中设置的食台上，具体投喂量根据天气、温度、水质、泥鳅活动情况进行适时调整。配合饲料投饲量以泥鳅总体重的1.5%~3.5%为宜，可上午投喂日饵量的40%，下午投喂日饵量的60%。

4. 日常管理

每天坚持巡田，注意泥鳅的活动、摄食等情况，及时捞取病死泥鳅，防止其腐烂影响稻田水质，传染病害；观察防逃网外有

无泥鳅外逃，如发现有要及时检查、修复防逃网；根据剩饵情况调整下次投饵量。

（三）病害防治

1. 疾病预防措施

尽量降低存塘泥鳅养殖密度，如果稻田水质条件不好，又没有增氧设备，应控制密度在 0.5 万尾/亩以下。配备有增氧设备的稻田，应及时开启增氧机，每天开机时间 4 小时以上。合理投喂饲料，投饵 1 小时后及时观察饲料被泥鳅摄食情况，如有饲料剩余，及时调减饲料投喂量，防止剩余饲料影响水质。

2. 科学合理用药

应坚持预防为主原则。一般稻田养殖泥鳅，较少发生病害，但春季仍是病害易发季节。可每半月对稻田水体进行一次消毒，或在饲料中拌喂微生态制剂，增强泥鳅抗病能力。

3. 防治鸟类敌害

泥鳅是许多鸟类的天然饵料，稻田水浅，泥鳅易被捕食，若鸟类数量较大，可将稻田浅水区域的泥鳅捕食殆尽，造成严重经济损失，因此要特别注意防范。

（四）投入品及养殖成品运输

1. 做好苗种运输

插秧前后应及时采购苗种，提倡带水操作运输，将泥鳅应激反应降到最低。使用泥鳅专用箱运输，每只箱子存放泥鳅苗种 10 千克，加水 8~10 千克。长途运输的苗种经过停食锻炼后再运输，过程中保持水温稳定，溶氧充足。

2. 做好饲料等渔需物资运输

提前做好饲料运输计划，注意防水、防湿。可选用 84 消毒液对饲料的外包装、渔业机械、网具和车辆进行喷雾消毒。

五、稻鳖综合种养

稻鳖综合种养包括稻鳖共作和轮作两种模式，以稻鳖共作为主。当前主要是做好田间工程，存塘中华鳖的养殖管理，以及鳖种放养。

（一）田间工程

1. 已开展稻鳖共生田块修整

仔细检查田块周边，修补、加固田埂。检查沟坑底部有无漏水等现象，进排水设施和防逃设施是否损坏。若有漏水损坏等，及时修补。

2. 新开展稻鳖共生田块修建

开挖环沟或鳖坑。环沟沿田埂内侧 50~60 厘米处开挖，宽 3~5 米，深 1~1.5 米（沟坑占比不超过稻田面积的 10%）。鳖坑位置紧靠进水口的田角处或一侧，形状呈矩形，深度 1~1.2 米，四周用密网或聚氯乙烯（PVC）塑料设置围栏，围栏向坑内侧稍倾斜。坑埂应加固，并高出稻田平面 10~20 厘米。防逃设施可选用砖墙、铝塑板、彩钢板等材质，将环沟外侧围栏，高出埂面 50~60 厘米，围栏竖直埋入土中 15~20 厘米，四角处围成弧形。

（二）存塘中华鳖养殖管理

1. 水质调控

随着气温回暖，当池水温度升至 20℃左右时，多数中华鳖开始苏醒，应及时换水消毒。

2. 饵料投喂

对于刚越冬苏醒的中华鳖，重在恢复体质。待池水温度维持在 22℃以上时，投喂少量营养丰富、易于消化吸收的新鲜动物性为主的饵料或蛋白质含量 45%以上的中华鳖人工配合饲料。每千克饵料中可加入复合维生素 2 克或适宜的免疫增强剂，以提高

机体抗病能力。投喂量不宜过大，投喂次数也不宜过多，待气温基本稳定和鳖身体机能恢复到正常的状态，再按正常的喂养方式和投喂量进行喂养。

3. 日常管理

应定时巡查，每天 2 次以上，测量池水温度，观察中华鳖活动情况，保持沟坑水深 1.3~1.5 米。

（三）苗种放养

1. 苗种选择

可选择国家审定的新品种，或适合本地区养殖、抗病力强、生长较快、受市场欢迎的中华鳖优良品种。

2. 苗种放养

长江流域双季稻田一般在 4 月中下旬至 5 月上中旬放养，单季稻田一般在 5 月中旬开始放养。如果放养时水稻还未插秧或返青，可先放入沟坑，之后再移至大田。在中华鳖投放前 10~15 天，按沟坑面积用 100 千克/亩生石灰化水趁热泼洒，也可用 1% 聚维酮碘溶液或 0.3 毫克/米^{3}强氯精替代消毒。中华鳖放入前先用 15~20 毫克/升的高锰酸钾溶液浸浴 15 分钟。

3. 饵料投喂

天然饵料一般不能满足鳖的生长，可投喂人工配合饲料。水温低于 22℃时不应投喂饲料，水温达到并稳定在 28℃，不超过 35℃时，要加大投喂量。日投喂占体重的 2%~3%，小规格鳖种适当加大投喂量。每天投喂 2 次，上午、下午各 1 次。

4. 日常管理

参照存塘中华鳖日常管理，并注意防逃，尤其是刚放养或遇到天气闷热或下雨时，需更加注意。

（四）病害防治

春季天气不稳定，需密切关注天气和水质变化。此外，刚苏醒的中华鳖极易被病原菌侵染，暴发腐皮病、水霉病、氨中毒症、暴发性出血症等。日常管理中必须坚持“防重于治”，做到“早发现、早诊断、早处置”，做好病鳖隔离，切断传播途径，从根本上解决病害的流行，避免经济损失。

六、稻螺综合种养

稻螺综合种养主要分布于广西等地区，种螺、幼螺一般于水稻秧苗分蘖后入田。

（一）田间工程

1. 田基加固

夯实加固田基，高 50 厘米、宽 30~50 厘米，可蓄水深 30~50 厘米。

2. 防逃设施建设

进、排水均用直径 110 毫米并带弯头的聚氯乙烯塑料管，进水口用 50 目（直径 0.3 毫米）、长 100 厘米、直径 30 厘米尼龙筛绢网兜过滤，排水口用 20 目（直径 0.85 毫米）镀锌钢丝网栅栏防逃。

（二）种螺、幼螺放养

1. 选择良种

选择稻田、池塘、湖泊等天然水域或田螺良种场生产出来的具有明显生长优势的健康个体。要求壳厚体圆、壳面完整无破损。

2. 适时放种

水稻秧苗分蘖结束后，注水入田至水深 10 厘米左右，放养种螺、幼螺入田。主养田螺的稻田，每亩放养个体重 1.25~2.50 克幼螺 30 000~60 000 只，或投放个体重≥15 克种螺 150 千克，数量 6 000~10 000 只；套养田螺稻田，每亩放养个体重 1.25~

2.50 克幼螺 10 000~20 000 只，或投放个体重≥15 克种螺 50 千克，数量 2 000~3 500 只。雌雄配比在 4：1 左右，同批一次性放足。如有上年留存种螺的，按留存数量适当补充种螺。

3. 水质调控

水温上升到 15℃后，田螺摄食量逐渐增大，需要适当补充新水维持溶解氧，日换水量为稻田水深的 1/4~1/2。及时施肥，每亩可施秸秆发酵饲料或秸秆堆沤肥 25~50 千克，1 个月施用 1 次。

4. 饵料投喂

正常情况下，配合颗粒饲料、发酵饲料、切碎的新鲜菜叶、玉米、米糠、豆粕、菜饼、蚯蚓、鱼虾等，以及新发酵的秸秆、农家肥、有机肥及稻田中的浮游生物、杂草、稻花等均可作为田螺饵料。可设多个投饲点投饲，日投饲量宜根据田螺总重的 1%~3%计算，2~3 天投喂 1 次，并根据田螺的生长和摄食情况调整投喂量。特殊情况，如水温低于 15℃或高于 30℃及阴雨天不需投喂。

5. 日常管理

坚持每天巡查，观察水位、水质、田螺摄食与生长等情况，检查防逃栅及筛绢网兜是否破损、堵塞，发现问题及时处理。台风、暴雨、大雨前，应疏通排水渠道，堵上进水口，打开排水口，并检查疏通防逃栅、筛绢网兜。

（三）防控敌害

1. 防鼠、蛇害及水禽

养殖场四周设置防护网，网片材料为镀锌钢丝、尼龙网等，网目 2.0 厘米，网片高 90 厘米，地下埋深 10 厘米，地上高 80 厘米，每间隔 1.5 米桩基固定。

2. 防福寿螺

每天巡田，沿田基四周用小抄网将福寿螺捞出并集中处理。

3. 防野杂鱼

每亩稻田可放养5~10厘米翘嘴红鲌10~15尾控制野杂鱼。

4. 防缺钙症

每15~20天可施用生石灰1次，每亩稻田泼洒15千克；每15~20天在发酵饲料中拌喂有机钙1次，每千克饲料添加量100毫克，连喂3天。

5. 防青苔

每亩稻田可放养10~15厘米鲮鱼15~20尾，或每亩稻田放0.5~1千克腐殖酸钠。

（四）种螺、幼螺运输

从其他地区运输种螺和幼螺放养时，包装容器应紧固、洁净、无毒、无污染，并具有较好的通风和排水条件，螺体堆积高度以不超过30厘米为宜。运输过程中应保湿、防晒、防挤压。

七、稻虾（青虾）综合种养

稻虾综合种养主要包括单季共作和一季稻两茬虾（青虾）模式。对于后者，第一茬虾多数在2月左右即放养。

（一）田间工程

1. 已开展稻青虾共作田块修整

仔细检查田块周边，修补、加固田埂；检查沟坑底部看有无漏水等现象，进排水设施、防逃设施、增氧设施等是否损坏，并及时修补。

2. 新开展稻青虾共作田块修建

沿稻田田埂内侧50~60厘米处，开挖环沟，环沟宽2~2.5米，深1~1.5米（沟坑占比不超过稻田面积的10%）。在主干道进入田块的一边留出宽3~5米的农机作业通道。需配微孔增氧设备。加固加高四周田埂，使之不渗水、不漏水。

（二）苗种放养

1. 苗种选择

可选择国家审定的新品种，或适合本地区养殖的优良品种。种虾要求个体强壮、行动敏捷、肢体完整、无病无害。

2. 苗种放养

一季稻两茬虾模式，第一茬虾在2月左右放养，每亩放养密度以1 000尾/千克的虾种10千克为宜，第二茬虾可在8月放养，密度为2厘米左右虾苗3万~5万尾。单季共作模式的放养时间为6月下旬至7月初。放养宜在晴天的早晨进行，应在四周环沟内均匀投放，同一虾塘虾苗要均匀，一次性放足；虾苗入塘时要均匀分布，开启增氧机，并将虾苗缓慢放在增氧机下方水面，使其自然游散。

3. 水质调控

使用正规企业生产的生物有机肥或腐植酸钠肥水，保持水体透明度在30~40厘米；水质过清容易滋生青苔，导致青虾头部乃至全身生长青苔影响销售；每亩1米水深使用250~400克硫酸铜预防。若水体内有大量枝角类、桡足类等浮游动物，则需要先杀虫，再肥水。3—4月，可在虾沟内种植或播种水草，种类为轮叶黑藻、苦草等，种植面积占虾沟总面积的20%~30%。

4. 饵料投喂

水温上升到8℃以上，适当投喂饲料，投喂量为青虾总重的3%；根据吃食情况，每个星期投喂2~3次。

5. 日常管理

坚持每天早晚巡塘。主要观察水质变化，及时调节水质；检查青虾摄食状况，适时调整投饲量，及时发现病害并对症治疗。

（三）病害防控

阴雨天早晚水体溶解氧较低，青虾容易染病，需特别注意。

坚持“以防为主、防治结合”原则，可用二氧化氯、碘制剂、过硫酸氢钾、高铁酸钾等消毒剂或氧化剂对水体进行消毒，防止细菌滋生，预防青虾生病。

第四节　稻鸭生态养殖技术

目前，稻鸭生态养殖技术是稻鸭生产的一种新技术模式，不会对生态环境造成任何破坏。在水稻生长发育阶段，利用鸭杂食性的特点，可以更好地清理水田杂草和害虫，有效减少化学农药的使用。鸭在水田的持续活动，可以有效地达到水田泥水栽培的效果，更好地促进水稻根系的生长发育，加快养分的正常输送，提高农田利用效率。

一、稻鸭生态养殖技术作用

（一）优化群体结构

在稻鸭生态养殖模式下，一只鸭在整个放养阶段可排出约15千克粪便，粪便中氮、磷、钾含量相当于50克、68克、30克，可满足50平方米水田种植的养分需求。在水稻的整个生长过程中，不需要使用其他外源肥料。鸭子在稻田里不断地活动和游动，可以更好地将空气中的氧气融入水中，促进水稻根系的生长发育，还可以产生混水作用，有效抑制杂草的生长发育。

（二）减少病虫草害

鸭是杂食性禽类，喜欢吃漂浮在水面的其他植物和杂草。鸭在水田的活动中，喙和脚起着除草的作用。随着鸭个体的增长，除草效果会明显增强，有效抑制水田杂草的生长，促进水稻的健康生长发育。此外，鸭在活动中喜食各种昆虫和水生小动物，基本可以消灭稻田害虫，如稻飞虱、稻纵卷叶螟、稻飞虱等。可有

效控制水稻病虫害。“优质稻+鸭”生态种养技术的应用，对水稻纹枯病、水稻赤霉病、稻卷叶螟、稻飞虱、稻蚱蜢、黏虫、田间杂草等重大病虫害的防治效果较好。在水稻品种的选择上考虑了稻瘟病的抗性，在田间管理和栽培技术上进行了稻瘟病的防治。

（三）改善生态环境

传统水稻种植过度依赖化肥和农药。在水稻整个生长发育阶段，氮肥、磷肥、钾肥的施用量都比较高，水稻容易受到多种病虫害的威胁，需要投入大量的农药以达到高产稳产。传统的生产方式会对周围的生态环境造成严重的破坏。大米的品质也会受到很大程度的影响，往往会导致大米中的药物残留超标。在稻鸭生态种植模式下，由于鸭的加入，水稻种植过程中的许多生产环节都由鸭承担，减少了农田的环境污染。除草效果好，防虫防病效果好，增肥效果好，节约人工成本，节省资金投入。

二、稻鸭生态养殖的技术要点

（一）选择适宜的水稻品种

在水稻的选择上，提倡选择抗逆能力更强、生长周期更长的优质水稻品种。对于单季水稻种植区，一般选择植株相对紧凑、茎粗壮、分蘖能力相对较强、抗病性优良的水稻品种。此外，要确保所选水稻品种质量好，抽穗率相对较高，成熟度中等，以大穗优质品种为主。

（二）优化鸭品种

在稻鸭生态健康养殖模式下，由于抽穗期鸭会在稻田中活动和生长，对鸭的适应性和抵抗力有相对严格的要求，鸭的体型不能太大。一般应选择抗病性优良、适应性相对较强、抗饲养粗糙、生活能力相对较强、活动时间长、善于捕捉野生动植物和杂草的优质鸭种或杂交鸭种。无论什么样的鸭品种都应因地制宜，一般要选择当地优良品种，鸭群规模大，随着个体的进一步增大，容易造成水稻植株在鸭活动过程中不堪重负，不利于植株的健康生长发育。在品种选择过程中，成年鸭的体重控制在1.3~1.5千克。

（三）田间处理

在稻鸭生态健康养殖模式中，为了保证鸭能够在水田中正常生长，避免鸭逃逸或受到外来天敌的侵袭，种植前应进行有效的围栏处理。一般用尼龙网或铁丝网围住，每隔1.5米设一根小木杆作支撑，以防网下垂。为防止鸭逃逸或受天敌侵害，应将围网高度提高到85厘米以上，并严格控制网孔直径。直径大小一般控制在1厘米，以免鸭头伸过防护网或鸭头卡死。

（四）水分管理

水稻插秧前，对插秧区进行有效翻耕，保证土质疏松干净，达到插秧状态。要建设排灌畅通的独立水系，不允许水田串灌、漫灌。由于水田需要养鸭，与传统的水稻种植相比，稻鸭生态养殖模式水田水层较深。以鸭脚刚好能接触到泥土为宜，这样鸭活动时能充分搅动泥土。水层要根据鸭不同的生长发育阶段进行不同的管理。雏鸭期水深一般控制在3~5厘米，这样既可以防止天敌的危害，又可以保证鸭子更好地戏水。随着鸭的进一步生长，可以保证鸭群在稻田内的正常活动，水深一般控制在5~8厘米。水太深影响稻鸭的驱虫效果，水太浅不利于鸭子游动。一般来说，在稻鸭生态健康的养殖模式下，稻田是不需要犁地的。为保证植物更健壮，稻田应分片种植，并在稻田边开挖一定的沟渠，供鸭暂时戏水。水稻进入抽穗期，田间水分要排干，保证干湿交替出现，有利于水稻灌浆增产。一般在插秧后一周左右，等秧活后将5~8日龄的雏鸭放入稻田。雏鸭放养时间以晴天上午

或下午为主。寒冷的天气会使雏鸭体温迅速下降，容易造成体竭而死。刚出壳的雏鸭在育雏舍内单独饲养，在鸭舍内放置一些浅水、低水的容器，以帮助雏鸭进行水中训练，放养密度一般控制在150~225只/亩。

（五）加强疫病防控

鸭在稻田活动中会接触到各种病原微生物，可能导致各种传染病的发生和流行。为了避免投入稻田的小鸭子患病，小鸭子出生后需要先接种疫苗，进行病毒免疫，以防止疾病传染给幼鸭。疫苗免疫，7日龄使用弱毒疫苗，每只0.2~0.5毫升，注射7天后产生抗体。减毒疫苗在1~3日龄时皮下注射到颈部。每只鸭用0.5毫升，2天后产生抗体。鸭霍乱疫苗于2日龄注射，每只鸭2毫升，间隔10日龄注射1次，连续注射3个月。

（六）鸭子条件调理

投喂鸭时，不要采取乱投喂的方法投喂合作饲养区内的鸭。而且一定要保持按时定点投喂，饲养人员应确定专人，并利用某种信号促使鸭在一定时间内定量取食。而通过长期的规律喂养，鸭就会产生强烈的条件反射，只要听见饲养人员的信号，就会积极取食。稻鸭进入常熟饲养区前，必须培养鸭的反应功能。和成鸭比较，雏鸭的喂食时间更长些。所以，在养殖阶段，饲养者就必须对鸭进行正确的饲养，应采取早晚双喂模式，以促进雏鸭尽快完善身体机能，让雏鸭在上田时养成合理的放养习惯，以便在后期进行“优质稻+鸭”放牧方案。

第五章　农业生产废弃物资源化利用技术

第一节　秸秆资源化利用

一、秸秆能源化技术

秸秆的碳含量很高，如小麦、玉米等秸秆的含碳量达到40%以上；小麦、玉米秸秆的能源密度分别为13兆焦/千克、15兆焦/千克。秸秆作为农村的主要生活燃料，小麦、玉米秸秆能源化用量分别占农村生活用能的30%、35%。现行的秸秆能源化利用技术主要有秸秆直燃供热技术、秸秆气化集中供气技术、秸秆压块成型及炭化技术等。

（一）秸秆直燃供热技术

作为传统的能量交换方式，直接燃烧具有简便、成本低廉、易于推广的特点，在秸秆主产区可为中小型企业、政府机关、中小学校和比较集中的乡镇居民提供生产、生活热水和用于冬季采暖。我国秸秆直燃供热技术起步较晚，适合我国农村使用，运行费用低于燃煤锅炉的小型秸秆直燃锅炉的研发工作正在进行之中。

（二）秸秆气化集中供气技术

秸秆气化是高效利用秸秆资源的一种生物转化方式。原料经

过适当粉碎后，在缺氧状态下不完全燃烧，并且采取措施控制其反应过程，使其变成一氧化碳、甲烷、氢气等可燃气体。燃气经降温、多级除尘和除焦油等净化和浓缩工艺后，由风机加压送至储气柜，然后直接用管道供给用户使用。秸秆气化集中输供系统通常由秸秆原料处理装置、气化机组、燃气输送系统、燃气管网和用户燃气系统等部分组成，供气半径一般在 1 千米以内，可以供百余户农民用气。秸秆气化经济方便、干净卫生。然而，大规模推行秸秆制气还需解决气化系统投资偏高、燃气热值偏低、燃气中焦油含量偏高等问题。

（三）秸秆压块成型及炭化技术

秸秆的基本组织是纤维素、半纤维素和木质素，它们通常可在 200℃、300℃下被软化。在此温度下将秸秆软化粉碎后，添加适量的黏结剂，并与水混合，施加一定的压力使其固化成型，即得到棒状或颗粒状“秸秆炭”。若再利用炭化炉可将其进一步加工成为具有一定机械强度的“生物煤”。秸秆成型染料容重为 1.2~1.4 克/厘米^3，热值为 14~18 兆焦/千克，具有近似中质烟煤的燃烧性能，且含硫量低、灰分小。其优点表现为：制作工艺简单、可加工成各种形状规格、体积小、储运方便；利用率较高，可达到 40%左右；使用方便、干净卫生，燃烧时污染极小；除民用和烧锅炉外，还可用于热解气化产煤气、生产活性炭和各类成型炭。

二、秸秆肥料化技术

农作物秸秆中含有丰富的有机质和氮、磷、钾等营养元素，以及钙、镁、硫等微量元素，是可利用的有机肥料来源。秸秆肥料化技术的关键是还田。秸秆还田技术有利于秸秆内营养成分的保存、增加土壤的有机质、培肥地力、提高作物产量、减少环境污染，是增效、增肥、改土的有效途径。

秸秆还田技术按粉碎方式可分为人工铡碎法和机械粉碎法两种：①人工铡碎法是将秸秆铡碎后与水、土混合，堆沤发酵、腐熟，均匀地施于土壤中；②机械粉碎法是在田间直接粉碎还田，在人工摘穗或机械摘穗的同时，用配套的粉碎机切碎秸秆，撒铺于地表，然后用旋耕耙两遍，再次切碎茎秆，随之入土，此法工效高，质量好，适于大面积推广。

随着生态工程原理在农业上的深入应用，传统的秸秆还田技术也不断得到改进，由秸秆直接还田（一级转化）逐步转变为过腹还田（二级转化）和综合利用后还田（多级转化），使秸秆的物质和能量得到充分合理的利用，生产效益、经济效益和生态效益明显提高。

（一）秸秆直接还田

秸秆直接还田，属一级转化，可分为秸秆就地翻压和制作秸秆堆肥。秸秆就地翻压还田的技术要求包括：①秸秆还田要及时，应选择秸秆在青绿时进行，以便加快秸秆腐烂；②采用联合收割机收获时，如果秸秆成堆状或条状，应采取措施将秸秆铺撒均匀，以免影响秸秆还田的效果；③在机械作业前，应施用适量的氮肥，以便加速秸秆的腐烂；④要及时耕地灭茬和深耕；⑤要浇足塌墒水，防止架空影响幼苗生长。制作秸秆堆肥还田的具体做法：把铡碎的秸秆与适量的粪、尿、土混拌，经过有氧高温堆制，或直接圈成土杂肥。高温堆肥是根据不同的地区和不同的季节，分别用直接堆沤、半坑式堆沤、坑式堆沤的方法进行堆置；自然发酵堆肥是将秸秆直接堆放在地面上，踩紧压实后，在上面泼洒一定数量的石灰水或粪水，用稀泥或塑料布密封，使其自然发酵，该法简便易行，缺点是发酵过程缓慢，时间较长。秸秆直接还田是把原来的废料转化为植物能够利用的原料，尽管对秸秆

的生产能力是最低限度的发挥，但在一定程度上可缓和土壤缺肥的矛盾。

（二）秸秆过腹还田

秸秆过腹还田，属二级转化，是将秸秆作为饲料，经过动物利用后，排出粪便用于还田。过腹还田不仅提高了秸秆的利用效率，而且避免了秸秆直接还田的一些弊端，尤其是调整了施入农田有机质的碳氮比，有利于有机质在土壤中的转化和作物对土壤中有效态氮的吸收。秸秆过腹还田的方法大体上有 3 种：直接饲喂、氨化后饲喂、微生物发酵处理后饲喂。氨化处理简称秸秆氨化，指将切碎的秸秆填入干燥的壕、窖或地上垛压实，处理后的秸秆，浇过氨水，氨化后的秸秆柔软、较适口，且秸秆吸收了一定的氨，对瘤胃动物补加了一定的无机氮，有利于其生长。微生物处理秸秆的方法较多，有秸秆发酵、微贮、糖化等，都是在一定的温、湿度条件下，接种一定的菌种，使秸秆进行了厌氧（或好氧）发酵后饲喂牲畜。微生物处理秸秆，提高了秸秆的营养价值，有利于养分的转化，适口性好，价格低，且不污染环境。

（三）秸秆综合利用后还田

秸秆综合利用后还田，属多级转化。随着生态工程研究的发展，秸秆综合利用后还田的途径越来越多，一般的循环流程是：秸秆先用来培育食用菌，菌渣作畜禽饲料（即菌糖饲料）、养蚯蚓，蚯蚓喂鸡；畜禽粪便养蝇蛆喂鸡，粪渣用来制取沼气，沼渣用来培养灵芝；最后的废料再作肥料施于农田。

三、秸秆饲料化技术

秸秆作为一种牲畜粗饲料，其可消化的干物质含量占 30%～50%，粗蛋白含量占 2%～3%。由于秸秆中含有蜡质、硅质和木质素，不易被消化吸收，因此，秸秆直接作饲料的有效能量、消化率和进食量均较低，必须经过适当处理以改变秸秆的组织结构，提高牲畜对秸秆的适口性、消化率和采食量。

（一）秸秆微贮饲料技术

秸秆微贮技术是将微生物高效活性的菌种——秸秆发酵活杆菌加入到秸秆中，密封储藏，经过发酵，增加秸秆的酸香味，变成草食动物喜欢食用的主饲料。技术特点：①秸秆微贮饲料成本低、效益高，在微贮饲料中，每吨秸秆干物只需 3 克秸秆发酵活杆菌，其生产成本只有氨化秸秆成本的 17%，并且饲喂效果好于氨化秸秆；②秸秆微贮饲料消化率高，秸秆微贮后，消化率提高 21.14%~43.77%，有机物消化率提高 29.4%；③秸秆软化，且有酸香味，增加家畜食欲，可提高采食速度 40%，食量增加 20%~40%。

（二）秸秆热处理技术

秸秆热处理技术是指采用热喷技术和膨化技术，对秸秆进行热处理。

1. 热喷技术

热喷技术是指用由锅炉、压力罐、卸料罐等组成的热喷设备对饲料进行热喷处理。经过热处理的秸秆饲料，其采食量和利用率有所提高，秸秆的有机物消化率可提高 30%~100%，其中，湿热喷精饲料比干热喷粗饲料消化率高 10%~14%。如果用尿素等多种非蛋白氮作为热喷秸秆添加剂，其粗蛋白水平和有机物消化率将有所提高，氨在瘤胃中的释放速度将降低。

2. 膨化技术

膨化技术是将原料经过连续地调湿、加热、捏合后进入制粒机主体，螺杆、物料、脱气模与套筒间不断产生挤压、摩擦作用，使机内的气压与温度逐渐提高，处于高温、高压状态下的物料经模孔射出时，因机内气压和温度与外界相差很大，物料水分

迅速蒸发，体积膨胀，使之形成膨胀饲料。技术特点：适口性好，容易消化，饲料转化率高；膨化制粒后，体积增大而密度变小，保型性好；灭菌效果好，在膨化制粒过程中物料经高温、高压处理，能杀灭多种病菌；膨化料含水率较低，通常为6%～9%，可长期保存。

（三）秸秆青贮技术

将青绿秸秆切碎成长度为1～3厘米的碎块后，放入窖中，当装至20～25厘米厚时，人工踏实。以此类推，直至装满（高出窖面0.5～1米），然后严密封顶。技术要求：切碎长度要严格一致，添加尿素和食盐要拌均匀，踏实不留空隙，封顶不许有渗漏现象。一般经过50～60天便可饲喂。其优点是青贮饲料营养成分含量高，软化效果好，含水量一般在70%左右，质地柔软、多汁、适口性好、利用率高，是反刍动物在冬季、春季的理想青饲料。

（四）秸秆氨化技术

秸秆氨化技术指利用氨的水溶液对秸秆进行处理。氨化时，预先将含水量在35%～40%的秸秆切成2厘米左右的长度，均匀地喷洒氨水或尿素溶液，然后用无毒塑料膜盖严密。经过氨化处理的秸秆，其纤维素、半纤维素与木质素分离，使细胞壁膨胀，结构松散；秸秆变得柔软，易于消化吸收；饲料粗蛋白增加，含氮量增加1倍。

四、秸秆材料化技术

秸秆不仅可以用来生产保温材料、纸浆原料、菌类培养基、各类轻质板材和包装材料，还可用于编织业、酿酒制醋和生产人造棉、人造丝、饴糖等，或提取淀粉、木糖醇、糖醛等。这些综合利用技术不仅把大量的废弃秸秆转化为有用材料，消除了潜在的环境污染，而且具有良好的经济效益，实现了自然界物质和能量的循环。

（一）生产可降解的包装材料

用麦秸、稻草、玉米秸、棉花秸秆等生产出的可降解型包装材料，如瓦楞纸芯、保鲜膜、一次性餐具、果蔬内包装袋衬垫等，具有安全卫生、体小质轻、无毒、无臭、通气性好等特点，同时又有一定的柔韧性和强度，制造成本与发泡塑料相当，但是大大低于纸制品和木制品。在自然环境中，可降解型包装材料在1个月左右即可全部降解为有机肥。

（二）生产建筑装饰材料

将粉碎后的秸秆按照一定的比例加入黏合剂、阻燃剂和其他配料，进行机械搅拌、挤压成型、恒温固化，可制得高质量的轻质建材，如秸秆轻体板、轻型墙体隔板、黏土砖、蜂窝芯复合轻质板等，这些材料成本低、重量轻、美观大方，而且生产过程中无污染。目前，秸秆在建材领域内的应用已相当广泛，由于产品附加值高，且能节约木材，具有较好的发展前景。

（三）生产工业原料

玉米秸、豆荚皮、稻草、麦秸、谷类秕壳等经过加工所制取的淀粉，不仅能制作多种食品与糕点，还能酿醋酿酒、制作饴糖等。如玉米秸含有12%～15%的糖分，其加工饴糖的工艺流程为：原料→碾碎→整料→糖化→过滤→浓缩→冷却→成品。

（四）制作食用菌的培养基

秸秆营养丰富、成本低廉，适宜作为多种食用菌的培养料。目前国内外用各类秸秆生产的食用菌品种已达20多种，不仅包括草菇、香菇、凤尾菇等一般品种，还能培育出黑木耳、银耳、猴头、毛木耳、金针菇等名贵品种。一般100千克稻草可生产平菇160克；而100千克玉米秸秆可生产银耳或猴头、金针菇50～

100千克，可产平菇或香菇等100~150千克。

（五）用于编织业

秸秆在编织业最常见、用途最广的就是用稻草编织草帘、草苫、草席、草垫等。

第二节　沼肥还田利用

沼气是一些有机物质（如秸秆、杂草、树叶、人畜粪便等废弃物）在一定的温度、湿度、酸度条件下，隔绝空气（如用沼气池），经微生物作用发酵而产生的可燃性气体。沼气综合利用是指将沼气及沼气发酵产物（沼液、沼渣）运用到生产过程中，是农村沼气建设中降低生产成本、提高经济效益的一系列综合性技术措施。沼气工程不仅促进了农业废弃物的综合利用，而且为农业生产和农民生活提供了能源，实现了沼液的综合利用，减轻了环境污染。

一、沼气发酵工艺

沼气处理系统主要由前处理系统、厌氧消化系统、沼气输配与利用系统、有机肥生产系统、后消化液处理系统五部分组成。前处理系统主要由固液分离、酸碱调节、料液设计等单元组成，作用在于除去粪便中的大部分固形物，按工艺要求为厌氧消化系统提供一定量、一定酸碱度的发酵原料。厌氧消化系统的作用是在一定温度、一定时间内将输送的液体通过甲烷细菌的分解进行消化，同时生成沼气的主要成分——甲烷。发酵温度一般分为常温（变温）、中温和高温。其中，常温发酵不需要对消化罐进行加热，投资小、能耗低、运行费用低，但沼气的产量低，有机物的去除和发酵速率也较慢，适用于长江以南地区。高温发酵需对消化罐进行加热，温度一般为55~60℃，具有产气量大、发酵周期短及环卫效果好的优点，缺点是投资大、耗能高和运行费用高，目前主要用于处理城市粪便。中温发酵可根据我国南北气候的变化对发酵罐进行适当加热，温度控制为28~35℃。由于中温发酵兼有常温发酵和高温发酵的一些优点，是目前大多数畜禽粪便处理优先采用的一种方法。沼气输配与利用系统主要包括沼气净化系统（脱硫、脱水）、沼气储存和运输管道、居民生活或生产用燃气等单元。有机肥生产系统是将前处理分出的粪渣和消化液沉淀的有机污泥混合，然后加工成商品有机肥料。该系统主要有腐熟、烘干、造粒、包装等单元，可以根据有机肥料市场的某些环节进行适当筛选。后消化液处理系统可保证厌氧发酵后的消化液最终能够达到国家和地方的排放标准，或者能在一定的范围内自行消纳利用，对外实现零排放。

沼气发酵工艺如下。

（一）发酵原料

人工制取沼气所利用的主要原料有畜禽粪便污水，食品加工业、制药和化工废水，生活污水，各种农作物秸秆和生活有机废物等。从是否溶于水来看，沼气发酵原料可分为固形物和可溶性的原料。

（二）沼气发酵原料的配比

沼气发酵原料配比选择的原则：①要适当多加些产甲烷多的发酵原料；②将消化速度快与慢的原料合理搭配；③要注意含碳素原料和含氮素原料的合理搭配。鲜粪和作物秸秆的质量比为2∶1左右，以使碳氮比为30∶1为宜。原料的碳氮比过高（30∶1以上），发酵不易启动，而且影响产气效果。农村沼气发酵原料的碳氮比以多少为宜，目前看法不一。有些学者认为在沼气发酵中，原料的碳氮比要求不很严格。根据我国农村发酵原料

是以农作物秸秆和人畜粪便为主的情况，在实际应用中，原料的碳氮比以（20~30）：1搭配较为适宜。

（三）原料堆沤

原料（包括粪和草）预先沤制进行沼气发酵，可使沼气中甲烷含量基本上呈直线上升，加快产气速度。秸秆堆沤的方法如下。

1. 高温堆沤

根据不同地区和不同季节的气候特点，采用不同的高温堆肥方式。在气温较高的地区或季节，可在地面进行堆沤；在气温较低的地区或季节，可采用半坑式的堆沤方法；在严寒地区或寒冬季节，可采用坑式堆沤方式。高温堆沤属于好氧发酵，需要通入尽量多的空气和排除二氧化碳。半坑式或坑式堆沤都应在坑壁上从上到下挖几条小沟，一直通到底，插几个出气孔。

2. 直接堆沤

这是农村常采用的方法，将秸秆直接堆在地面上踩紧，然后泼石灰水和粪水，最好是沼气发酵液，并用稀泥或塑料布密封让其缓慢发酵（在发酵初期是好氧发酵，随后逐渐转入厌氧发酵）。这种方法效果比较缓慢，需要较长的时间，分解液流失比较严重，但方法简便，热能损耗较少，比较适合目前农村的实际情况，而且有富集发酵菌的作用。为了克服分解液的流失，有些地方对这种堆沤方式做了进一步改进，即在堆沤池进行直接堆沤。这样可以避免分解液的流失，原料损失很少，除了固体物能够充分利用外，分解液的产气速度也更快。在沼气池产气量不高时，加入一些堆沤池里的分解液可以很快提高产气量。

（四）接种物

有机废物厌氧分解产生甲烷的过程，是由多种沼气微生物来完成的。因此，在沼气发酵池启动运行时，加入足够的所需微生物，特别是产甲烷微生物作为接种物（亦称菌种）是极为重要的。原料堆沤，而且添加活性污泥作接种物，产甲烷速度很大，第六天所产沼气中的甲烷含量可达50%以上。发酵33天，甲烷含量达到72%左右。这说明沼气发酵必须有大量菌种，而且接种量的大小与发酵产气有直接的关系。

城市下水污泥、湖泊和池塘底部的污泥、粪坑底部沉渣都含有大量沼气微生物，特别是屠宰场污泥、食品加工厂污泥，由于有机物含量多，适于沼气微生物的生长，因此是良好的接种物。大型沼气池投料时，由于需求量大，通常可用污水处理厂厌氧消化池里的活性污泥作接种物。在农村，来源较广、使用最方便的接种物是沼气池本身的污泥。对农村沼气发酵来说：采用下水道污泥作为接种物时，接种量一般为发酵料液的10%~15%；当采用老沼池发酵液作为接种物时，接种数量应占总发酵料液的30%以上；如以底层污泥作接种物时，接种数量应占总发酵料液的10%以上。使用较多的秸秆作为发酵原料时，需加大接种量，其接种量一般应大于秸秆量。

二、沼气的产生

（一）建池

沼气池的建设是沼气产生的第一步。沼气池的种类很多，按储气方式划分为：水压式沼气池、气袋式沼气池和分离浮罩式沼气池。水压式沼气池较适于农村庭院的布局和管理，是目前推广较为普遍的池型。沼气池按结构的几何形状划分为：圆柱形、球形、扁球形、长方形、拱形、坛形、椭球形、方形等。其中圆柱形沼气池最为普遍，其次是球形和扁球形。沼气池按埋设位置划分为：地上式、地下式、半地下式。一般农户均采用地下式。沼气池按建池材料划分为：砖、石材料；混凝土材料；钢筋混凝土

材料；新型材料，即所谓高分子聚合材料，如聚乙烯塑料、红泥塑料、玻璃钢等；金属材料。沼气池按发酵工艺流程划分为：高温发酵（一般为50～55℃）、中温发酵（35～38℃）、常温发酵（10～28℃）、连续发酵、半连续发酵、两步发酵、单级发酵。按使用用途划分为：用气型、用肥型、气肥两用型、沼气净化型。沼气池按池内布水、隔墙构造划分为：底出料水压式沼气池、顶返水压式沼气池、强回流沼气池、曲流布料水压式沼气池、过滤床式水压沼气池。

（二）投料

新池或大换料的沼气池，经过一段时间养护，试压后确定不漏气、不漏水，即可投料。发酵原料按要求做好“预处理”，并准备好接种物。接种物数量以相当于发酵原料的10%～30%为宜。将准备好的发酵原料和接种物混合在一起，投入池内。所投原料的浓度不宜过高，一般控制在干物质含量的4%～6%为宜。以粪便为主的原料，浓度可适当低些。

（三）加水封池

发酵池中的料液量应占池容积的85%，剩下的15%作为气箱。加水后立即将活动盖密封好。

（四）放气试火

当沼气压力表上的水柱达到40厘米以上时，应放气试火。放气1～2次后，由于产甲烷菌数量的增长，所产气体中甲烷含量逐渐增加，所产生的沼气即可点燃使用。

三、沼气池的管理与保养

（一）进出料

为保证沼气细菌有充足的食物和进行正常的新陈代谢，使产气正常而持久，要不断地补充新鲜的发酵原料、更换部分旧料，做到勤加料、勤出料。

1. 进、出料数量

根据农村家用池发酵原料的特点，一般以每隔 5~10 天进、出料各 5%为宜。对于“三结合”的池子，由于人畜粪尿每天不断自动流入池内，平时只需添加堆沤的秸秆发酵原料和适量的水，保持发酵原料在池内的浓度。同时也要定期少量出料，以保持池内一定数量的料液。

2. 进、出料顺序

进、出料顺序为先出后进。出料时应使剩下的料液液面不低于进料管和出料管的上沿，以免池内沼气从进料管和出料管跑掉。出料后要及时补充新料，如一次发酵原料不足，可加入一定数量的水，以保持原有水位，使池内沼气具有一定的压力。

3. 大出料次数

一年应大出料一次或两次。大换料前 20~30 天，应停止进新料。大出料后应及时加足新料，使沼气能很快重新产气和使用。出料时以沉淀和难以分解的残渣为主，同时必须保留 20%左右的沼液作为接种物，以便进新料后能及时产气。

（二）搅拌

经常搅拌可以提高产气率。农村家用池一般没有安装搅拌装置，可用下面两种方法进行搅拌：从进、出口搅拌；从出料间掏出数桶发酵液，再从进料口将次发酵液冲到池内，也起到搅拌池内发酵原料的作用。

（三）发酵液 pH 值的测定和调节

沼气细菌适宜在中性或微碱性环境条件下生长繁殖（pH 值为 6.8~7.6），酸碱性过强（pH 值小于 6.5 或大于 8）都对沼气细菌活动不利，使产气率下降。可以用试纸测量池内的 pH 值，当沼气池内的 pH 值小于 6 时，可以加入适量的澄清石灰水或草

木灰来加以调节，提高沼液的 pH 值；当沼气池内的 pH 值大于 8 时，必须及时取出一定数量的沼液，重新投料启动。

(四) 数量的调节

沼气池内水分过多或过少都不利于沼气细菌的活动和沼气的产生。若含水量过多，发酵液中干物质含量少，单位体积的产气量就少；若含水量过少，发酵液太浓，容易积累大量有机酸，发酵原料的上层就容易结成硬壳，使沼气发酵受阻，影响产气量。

(五) 安全管理与安全用气

第一，沼气池的进、出料口要加盖，以免小孩和牲畜掉进去，造成人、畜伤亡。同时也有助于保温。

第二，要经常观察水柱压力表。当池内压力过大时不仅影响产气，甚至沼气有可能冲开池盖。如果池盖被冲开，应立即熄灭附近的烟火，以免引起火灾。在进料和出料时也要随时注意观察水柱压力表的变化。进料时，如果压力过大，应打开导气管放气，并要减慢进料的速度。出料时，如果水压表上出现负压则应暂时停止用气，等到压力恢复正常后才能用气。

第三，严禁在沼气池内出料口或导气管口点火，以免引起火灾或造成回火，致使池内气体猛烈膨胀，爆炸破裂。

第四，沼气灯和沼气炉不要放在衣服、柴草等易燃品附近，点火或燃烧时也要注意安全。特别应经常检查输气系统是否漏气和是否畅通。若有漏气，当揭开活动盖出料时，不要在池子周围点火、吸烟。在进入池内出料、维修和补漏时不能用明火。

四、沼气、沼液、沼渣的综合利用

沼气的综合利用不仅要重视沼气的利用，而且要将沼渣和沼液加以综合利用。

(一) 燃料

沼气是一种综合、再生、高效、廉价的优质清洁能源。3~5

人的农户，修建1个同畜禽舍、厕所相结合的三位一体沼气池，人畜粪便自流入池发酵，每口沼气池年产沼气300多立方米。一年至少10个月不烧柴、煤，可节柴1 500~2 000千克。

（二）生产

1. 储粮

将沼气通入粮囤或储粮容器内，上部覆盖塑料膜，可杀死粮食害虫，有效抑制微生物繁殖，保持粮食品质，避免粮食储存中的药物污染。

2. 保鲜和储存农产品

沼气储存农产品是利用甲烷无毒的性质来调节储藏环境中的气体成分，造成一种高二氧化碳、低氧气的状态，以控制果蔬、粮食的呼吸强度，减少储藏过程中的基质消耗。沼气保鲜果品，储藏期可达120天，且好果率高、成本低廉、无药害。

3. 在大棚生产中的应用

沼气在蔬菜大棚中的应用主要有两个方面：一是燃烧沼气为大棚保温和增温；二是将沼气中的二氧化碳作为气肥促进蔬菜生长。

4. 燃烧发电

沼气燃烧发电是随着沼气综合利用的不断发展而出现的一项沼气利用技术，它将沼气用于发动机上，并装有综合发电装置，以产生电能和热能，是有效利用沼气的一种重要方式。

（三）沼肥

沼肥是制取沼气后的残留物，是一种速缓兼备的多元复合有机肥料，沼液和沼渣中含有多种氨基酸、生长激素、抗生素和微量元素，是高效优质的有机肥。一个6~8米^{3}的沼气池可年产沼肥9吨，沼液的比例占85%，沼渣占15%。沼渣宜作底肥，一般土壤和作物均可施用，长期连续使用沼渣替代有机肥，对各季作

物均有增产作用，还能改善土壤的理化特性，积累土壤有机质，达到改土培肥的目的。沼液是有机物经沼气池制取沼气后的液体残留物，养分含量高于储存在敞口粪池中同质、同量原料腐解的粪水。与沼渣相比，沼液养分较低，但是沼液中速效养分高，宜作追肥。施用沼肥可提高农作物品质，减少病虫害，增强作物抗逆性，减少化肥、农药用量，改良土壤结构。

沼肥生产的关键技术如下。

1. 严格密闭

沼气细菌是绝对厌氧性微生物，在建池时一定要做到全池不漏水、气箱不漏气，给沼气细菌创造严格的厌氧条件。

2. 接种沼气细菌

初次投料时，要进行人工接种沼气细菌。菌种来源是产气好的老沼气渣、老粪池池渣及长年阴沟污泥。此外，在每次清除沼气渣作肥料时，应保留部分池渣作为菌种，以保证沼气池继续正常发酵。

3. 配料要适当

畜禽粪便、青草、秸秆、枯枝落叶、污水和污泥等有机物都可用作发酵原料，但各种原料的产气量和持续时间不同。在原料中要考虑沼气细菌的营养要求，既要供给充足的氮素和磷素，以利于菌体的繁殖，又要有充足的碳水化合物，才能够多产气。沼气的产量与原材料的碳氮比有关，据试验，碳氮比以调节在（30~40）：1 较好，在投料时要因地制宜，适当搭配，合理使用。

4. 适量水分

水分是沼气发酵时必不可少的条件，但加水过多，发酵液中干物质少，产气量少，肥效低；水分过少，干物质多，易使有机酸积累，影响发酵，同时容易在发酵液面形成粪盖，影响产气。

在南方，沼气池加水量约占整个原料的50%。

5. 温度

沼气池微生物的发酵一般为中温型，最适温度为25~40℃。

(四) 沼液浸种

沼液浸种就是利用沼液中所含的生理活性物质、营养组分以及相对稳定的温度对种子进行播种前的处理。它优于单纯的温汤浸种和药物浸种。沼液浸种与清水浸种相比，不仅可以提高种子的发芽率、成活率，促进种子生理代谢，提高秧苗品质，而且可以增强秧苗抗寒、抗病、抗逆性能，对蚜虫和红蜘蛛有很好的防治效果，对蔬菜病害、小麦病害和水稻纹枯病均有良好的防治作用，具有良好的增产效果和经济效益。技术要点如下。

1. 对种子的要求

要使用上年生产的新种良种。浸种前对种子进行翻晒，通常需要晒1~2天。对种子进行筛选，清除杂物、秕粒，以确保种子的纯度和质量。

2. 对沼液的要求

应使用大换料后至少2个月的沼气池沼液。浸种前几天打开沼气池出料间盖板，在空气中暴露数日，每日搅动几次，使少量硫化氢气体逸散，并清除料间液面浮渣。

3. 浸种时间

根据不同品种、地区、土壤墒情确定浸种时间。要在本地区进行一些简单的对比试验后再确定。

4. 操作

将要浸泡的种子装入透水性好的编织袋或布袋中，种子占袋容的2/3，将袋子放入出料间沼液中。

5. 种子沥干

浸好的种子取出用清水洗净，沥去水分，摊开晾干后用于催

芽或播种。

（五）沼液养殖

1. 沼液喂猪

沼液喂猪并不是指用沼液替代猪饲料，而只是把沼液作为一种猪饲料的添加剂，起到加快生长、缩短肥育期、提高肉料比的目的。沼液中游离的氨基酸、维生素是一种良好的饲料添加剂，猪食后贪吃、爱睡、增膘快，较常规喂养增重15%左右，可提前20~30天出栏，节约饲料20%左右，每头猪可节约成本30余元。

技术要点：沼气池正常产气3个月后取沼液，6个月后取沼渣；平均掺和沼渣（干物质含量）占饲料量的15%~20%；拌和后手捏成团，松开即散；冬季发酵48小时左右，夏季发酵4~6小时，待沼渣中臭味已除，饲料呈酒香味时摊开饲料用于喂养。

2. 沼液养鱼

通常利用沼液、蚕沙、麦麸、米糠、鸡粪配成饵料养鱼。养鱼用的沼液不必进行固液分离处理，通常所含的固形物比用于叶面喷洒的沼液要多。沼液和沼渣可轮换使用。由于沼液有一定的还原性，放置3小时以上使用效果会更好。沼液施入池塘后可减少鱼饵消耗，也减少了鱼病。

技术要点：配方中沼液为28%、蚕沙为15%、麦麸为21%、鸡粪为6%，配制方法是将米糠、蚕沙、麦麸用粉碎机碎成细末，然后加入鸡粪，再加沼液搅拌晒干，用筛子格筛，制成颗粒，晒干保管；喂养比例为鲢鱼20%、草鱼60%、鲤鱼15%、鲫鱼5%。撒放颗粒饵料要有规律性，定地点、定饵料。

（六）沼渣栽培蘑菇

沼渣养分全面，其中所含有机质、腐植酸、粗蛋白质、全氮、全磷以及各种矿物质能满足蘑菇生长的需要。沼渣的酸碱度适中、质地疏松、保墒性好，是人工栽培蘑菇的良好培养料。沼渣栽培蘑菇具有成本低、效益高、省料等优点。技术要点如下。

1. 备料

选用正常产气并在大换料后3个月以上的沼气池。去除沼渣晾干，捣碎过粗筛后备用。新鲜麦草或稻草铡成30厘米长的小段备用。秸秆与沼渣的配比为1∶2。

2. 培养料制作

将秸秆用水浸透发胀，与沼渣顺序平铺，并向料堆均匀泼洒沼液，直到料堆浸透为止。通常用料质量比为沼渣∶秸秆∶沼液=2∶1∶1.2。堆沤7天后，测得料堆中部温度达到70℃，开始第一次翻堆，并加入沼渣质量3%的硫酸氢铵、2.5%的钙镁磷肥、6.3%的油枯、3%的石膏粉。混合后再堆沤5~6天，到料堆中部温度达到70℃时进行第二次翻料。此时用40%的甲醛水稀释40倍液后对料堆消毒，继续堆沤3~4天即可移入苗床作为培养料使用。

第三节　畜禽粪便综合利用

一、畜禽粪便堆肥化技术

堆肥化是在微生物作用下通过高温发酵使有机物矿质化、腐殖化和无害化而变成腐熟肥料的过程，在微生物分解有机物的过程中，不但可生成大量可被植物利用的有效态氮、磷、钾化合物，而且可合成新的高分子有机物——腐殖质，它是构成土壤肥力的重要活性物质。

畜禽粪便是一种排放量很大的农业废弃物，其有机质含量丰富，且含有较高的氮、磷、钾及微量元素，是很好的制肥原料。畜禽粪便可以用来制造有机肥料和有机-无机复混肥。利用畜禽

粪便和农作物秸秆进行高温堆肥是处理畜禽粪便的主要途径之一，是减轻其环境污染、充分利用农业资源最经济有效的措施。各类不同动物粪便有不同的特性。

猪粪尿是一种使用比较普遍的有机肥，氮、磷、钾的有效性都很高。在积存时要加铺垫物，北方常用土或草炭垫圈，南方一般垫褥草。提倡圈内垫圈与圈外堆制相结合，做到勤起、勤垫，既有利于猪的健康，又有利于粪肥养分腐熟。禁止将草木灰倒入圈内，以免引起氮素的挥发流失。

牛粪的成分与猪粪相似，粪中含水量高，空气不流通，有机质分解慢，属于冷性肥料。未经腐熟的牛粪肥效低。牛粪宜加入秸秆、青草、泥炭或土等垫物，吸收尿液；加入马粪、羊粪等热性肥料，促进牛粪腐熟。为防止可溶性养分流失，在堆肥表外抹泥，加入钙、镁、磷矿质肥料以保氮增磷，提高肥料质量。牛粪在使用时宜作基肥，腐熟后才可施用，以达到养分转化和消灭病菌、虫卵的作用，不宜与碱性物质混用。

鸡粪养分含量高，全氮是牛粪的 4 倍，全钾是牛粪的 3 倍。鸡粪应干燥存放，施用前再沤制，并加入适量的钙、镁、磷肥起到保氮作用。鸡粪适用于各种土壤，因其分解快，宜作追肥，也可与其他肥料混用作基肥。因鸡粪养分含量高，尿酸多，施用量每平方米不宜超过 3 千克，否则会引起烧苗。

马粪纤维较粗，粪质疏松多孔，通气良好，水分易于挥发；含有较多的纤维素分解菌，能促进纤维分解。因此，马粪较牛粪和羊粪分解腐熟速度快，发热量大，属热性肥料，是高温堆肥和温床发热的好材料。在使用时应注意：多采用圈外堆肥方式；在不用肥的季节应采取紧密堆积法，以免马粪在堆内好氧分解，使养分流失；与猪粪和牛粪混合堆积，能促进猪粪、牛粪的腐熟速度，也有利于马粪的养分保留；一般不单独使用，可作发热材料；冬季施用马粪，可提高地温；适合作基肥和追肥，但必须彻底腐熟；适合各种作物。

堆肥是将畜禽粪便和秸秆等农业固体有机废物按照一定比例堆积起来，调节堆肥物料中的碳氮比，控制适当水分、温度、氧气与酸碱度，在微生物作用下，进行生物化学反应而将废弃物中复杂的不稳定有机成分加以分解，并转化为简单的、稳定的有机物质成分。根据处理过程中微生物对氧气要求的不同，堆肥可分为好氧堆肥和厌氧堆肥。前者是在通气条件下借助好氧微生物活动使有机物得到降解，由于好氧堆肥的温度在50~60℃，极限可达80~90℃，所以又称为高温堆肥；后者是利用微生物发酵造肥，所需时间较长。堆肥不仅可让堆制材料的腐解和满足作物养分需求，通过堆沤还可达到无害化处理的目的。

（一）堆肥的主要管理措施

1. 遮蔽

堆肥应避免风吹雨淋。如果堆肥未建在一个永久性的覆盖物下，可用塑料布或稻草来遮蔽肥堆。若用塑料布作遮蔽物，肥堆只能盖10~14天。在第一阶段发生剧烈发热过程，如遇晴天，要揭开塑料布，以便肥堆透气。稻草能有效地挡雨，用稻草毡遮盖肥堆是个好办法。

2. 腐熟

堆肥腐熟的时间一般为4~6天，腐熟后，如有必要，随时可以撒到田地里。好的堆肥应能被作物轻松吸收且不像未腐熟粪肥那样妨碍根的生长和发育。测试堆肥是否腐熟可使用水芹的种子做发芽试验，如果肥料还未腐熟，水芹就不会发芽。

3. 翻堆

堆肥过程中，需定期进行翻堆，这有助于堆肥过程的再一次进行，可以用机器翻动肥堆。如果没有专门的翻堆设备，翻堆也

可用前后装货机和撒粪机操作。

4. 选址

最好的堆肥场所是在农家院里或邻近院子的地方。在堆肥以前，原物质没什么气味，要运输的量也很大，而堆肥后只有很少的量。在农家院里堆肥能使肥堆中的流失物很容易再利用。水泥地虽然以最好的方式防止养分流失到地下，但是水泥地价格很贵。如果建立一个永久的地基，就得考虑隔离汇集的雨水，以便使需要保存的流水的量最小。要注意任何操作都不要过多地使用机器。半渗透性的混凝土也能作为堆肥的好地基，这种地基可以减少污染。

近年来，由农业生产引起的污染问题已经引起了人们的关注。堆肥所产生的养分流失，加剧了这种污染。粪肥堆应建立在院外，并用覆盖物盖上以防雨淋，最好是地面不透水并能将流出的粪水收集在一个槽内。

（二）堆肥的方法

1. 高温堆肥

在好氧条件下，将秸秆、粪尿、动植物残体、污水、污泥等按照一定比例混合，再混入少量的骡马粪或其浸出物，然后进行堆积。堆积可在地势较高的堆肥场上进行，地下挖几条通气沟，以 10 厘米（深）×10 厘米（宽）较为合适。沟上横铺一层长秸秆，堆中央再垂直插入一些秸秆束或竹竿以利于通气。然后，将已切碎的秸秆等原料铺上，宽 3 米，长度不限，厚度为 0.6 米左右，在秸秆上铺上骡马粪，洒上污水或粪水，铺上其他牲畜家禽粪便，然后撒上些石灰或草木灰，如此一层一层往上堆积，使其形成 2~3 米高的长梯形大堆。最后在堆表面覆盖一层 0.1 米厚的细土，或用稀泥封闭即成。一些农村已建立了专门的堆肥库、堆肥仓，这种设施不仅操作方便、保存养分，而且对环境卫生也十分有利。在堆后3~5天，堆内温度显著上升，高者可达60~70℃，能维持半个月，可保证杀灭其中所有危害人体健康和防碍作物正常生长的病原菌、寄生虫卵、杂草种子。

2. 活性堆肥

在油渣、米糠等有机质肥料中加入山土、黏土、谷壳等，经混合、发酵制成肥料，这是日本从事有机农业生产最常用、最普遍的堆肥方式。

活性堆肥的原料包括有机质、土和微生物材料。有机质可分为动物有机质和植物有机质两大类。从组成的材料来看，原料以氮素原料和磷素原料为基础，氮素成分以油渣为主，磷素以骨粉和米糠为主。米糠的作用除了增加磷素外，更大的价值在于作为发酵的促进剂，其所含的各种成分较为平衡，可很好地促进有益微生物的繁殖，是制造活性堆肥不可缺少的原料。

堆肥原料的比例要根据作物的种类和栽培季节而定。对于氮素量要求大的黄瓜，应多使用油渣与鸡粪；对氮素量要求较少、磷素量要求较多的番茄要少用油渣，多用鱼粉和骨粉；对于要求具有良好口味的草莓等，可多用鱼粉、骨粉等动物有机质。

土是活性堆肥的一个重要原料，在堆肥时混入土，可使活性堆肥产生综合效果。加入土的标准量是全量的50%左右。土以保肥力强的山土最为理想。在一般情况下，山地、林地的干净土壤均可作为堆肥土的来源。禁止使用菜地土、病菌多的土、pH值在3以下的强酸土和混有砂的土。

堆肥主要是用作基肥，一般要配合施用一些偏氮的速效肥料如厩肥、新鲜绿肥、腐熟的畜禽粪便等，施用量一般为1~2吨/亩。用量多时，可结合耕地犁翻入土，全耕层混施。用量少时，可采用穴施或条施的方法。腐熟的堆肥也可与磷矿粉混合用作种肥。无论采用何种方式施用堆肥，都要注意只要一启封，就要及

时将肥料施入土中，以减少养分的损失。

二、畜禽粪便饲料化技术

畜禽粪便含有大量营养物质，如未消化的蛋白质、B族维生素、矿物质元素、粗脂肪和一定的碳水化合物，同时也含有一些潜在有害物质，如重金属、抗生素、激素以及大量病原微生物或寄生虫。所以，畜禽粪便在作饲料时需控制用量或进行加工处理，以保证畜禽的安全。

（一）新鲜粪便直接作饲料

新鲜粪便直接作饲料主要用在那些复合养殖场中，如新鲜的鸡粪直接用来喂鱼、猪和牛。鸡的消化道比较短小，对食物吸收较少，所食饲料中70%左右的营养成分并未被吸收而排出体外，故鸡粪中含有丰富的营养物质，可代替部分精料来喂鱼、猪和牛等。鸡粪的成分比较复杂，含有病原微生物和寄生虫等，使用时可用一些化学试剂进行处理。

（二）畜禽粪便加工后作饲料

畜禽粪便不但含有大量的病菌，而且还有大量的水分和极大的臭味，所以必须对其进行灭菌、脱水和除臭处理，以便可以更好地利用。

1. 青贮法

畜禽粪便可单独或与其他饲料一起青贮。这种方法经济可靠，投资少或不需要投资。该方法能有效地利用畜禽粪便、秸秆和干草等农村废弃物，处理费用低，能源消耗少，产品无毒无味，适口性强，蛋白质消化率和代谢率都能显著提高，间接节约了饲料费用。青贮后的鸡粪可以喂牛，约25%、40%的牛粪可经青贮法处理后重新喂牛。青贮法中以鸡粪青贮效果最好，猪粪次之，牛粪最差。

2. 发酵法

此法是用畜禽粪便和米糠、麦麸等加酒曲和水混合密封制成饲料。如用新鲜鸡粪70%、麦麸10%、米糠15%与酒曲5%，加入适量的水，充分混匀，入窖密封48~72小时即成饲料。

3. 干燥法

干燥法是一种简单处理畜禽粪便的方法。此法处理粪便的效率高、设备简单且投资少。干燥法处理后的粪便易于储存和运输，并达到灭菌与除臭的效果。干燥法主要包括自然干燥、高温快速干燥和低温烘干等。

4. 分离法

目前，许多畜牧场采用冲洗式的清扫系统，收集的粪便都是液体或半液体的。如果采用干燥法、青贮法处理粪便，则能源消耗太大，造成能源的浪费。采用分离法，就是选用一定规格的筛和适当的冲洗速度，将畜禽粪便中的固体部分和液体部分分离开来，可以获得满意的结果。过筛的猪粪含11%~12%粗蛋白质，近75%是氨基酸，50%的能量是消化能，46%是代谢能，近17%的粗蛋白质可被母猪消化。在母猪怀孕期日粮中至少60%的干物质可被这种饲料代替。用这种饲料喂牛，其中的干物质、有机物、粗蛋白质和中性化纤维比高质量的玉米青贮饲料中相应成分的消化率高。

5. 分解法

分解法是利用优良品种的蝇、蚯蚓或蜗牛等低等动物分解畜禽粪便，达到既能提供动物蛋白又能处理畜禽粪便的目的。此法能得到较好的经济效益和生态环境效益，但前期灭菌、脱水处理和后期的蝇蛆收集以及温度等都较难控制，不易普及。

6. 沸石生物处理

沸石生物处理是将有益微生物厌氧发酵技术和添加饲用沸石

物理吸附技术相结合，首先让大量的微生物驻扎在多孔沸石中，形成有益微生物占主导地位的沸石生物处理剂。沸石生物处理的饲料各项卫生指标均符合国家有关饲料卫生标准，可达到除臭、灭菌、无害化的饲料要求，并提高了蛋白质含量。

第四节　其他农业废弃物利用

一、绿肥

绿肥是各种能够收集到的用于还田提高土壤肥力的青草、嫩树枝、树叶等，可分野生绿肥和栽培绿肥两大类。以新鲜的植物体就地翻压或经堆沤制肥为主要用途的栽培植物统称为绿肥作物。翻压绿肥的农艺措施叫压青。绿肥是被用作肥料的绿色植物，它含有氮、磷、钾等多种植物养分和有机质，它们的共同特点是属于偏氮有机肥料，是有机农业生产中一项非常重要的有机肥源。

我国绿肥作物资源丰富，常用的绿肥作物有 80 多种，其中大多数属于豆科。绿肥的主要种类有紫花苜蓿、紫云英、毛叶苕子、三叶草、黑麦草等。

绿肥还田的具体做法很多，但大体有两种形式：一是沤制还田；二是直接还田。沤制还田是将绿肥和粪肥混合后沤制腐熟，作为基肥翻压到土壤中，一般以野生绿肥为主；直接还田是将绿肥刈割后撒铺于地表，翻压在土壤中作基肥，一般以栽培绿肥为主。

绿肥还田的技术有各种形式，有的覆盖，有的翻入土中，有的混合堆沤。这里介绍效果比较好的绿肥配合秸秆还田的几种方法：①麦秸还田后复种绿肥，麦收后同时抛撒麦秸于地表，通过耙地灭茬与0~10厘米土层混拌，随后复种速生绿肥（如蓝豌豆等），至晚秋翻压绿肥；②小麦或玉米间种豆科绿肥（如草木樨等）。小麦高茬收割（以不影响绿肥生长为度），玉米采用人工摘棒后，单机粉碎秸秆抛撒，秋季同时翻埋秸秆和绿肥；③谷类秸秆还田后单种绿肥，秸秆粉碎耙茬还田后或浅翻深松还田，翌年单种绿肥（以豆科为主），秋季再翻埋绿肥。

二、沤肥

沤肥是另外一种发酵形式，是利用秸秆、山草、水草、牲畜粪便、肥泥等就地混合，在田边地角或专门的池内沤制而成的肥料，其沤制的材料与堆肥相似，所不同的是：沤肥是厌氧常温发酵，原料在淹水条件下进行沤制，以厌氧分解为主，发酵温度低，腐熟时间长，有机质和氮素的损失少，其有机物、全氮、全磷、速效氮的含量均比普通堆肥高。沤制好的沤肥，表面起蜂窝眼，表层水呈红棕色，肥体颜色黑绿，肥质松软，不黏锄，放在田里不浑水。

沤肥主要用作基肥和追肥。用作基肥时，分深施和面施两种，每公顷施用量根据作物的种类和土壤肥力确定；作追肥时宜早用，沤制液与水的比例为1：（1~2），在作物的行间开沟施用，每亩地的施用量为1 500千克。

三、废旧农膜利用技术

塑料是一种高分子材料，散落在土地里会造成永久性污染，随着农用地膜用量的增加，残留在土地中的地膜也日益增多，仅北京地区的调查资料显示，土地中的地膜残留量即达4 000多吨。研究指出，残留的地膜碎片会破坏土壤结构，使农作物产量降低。

（一）废旧农膜能源化技术

废旧农膜能源化技术主要是通过高温催化裂解，把废旧农膜转化为低分子量的聚合单体如柴油、汽油、燃料气、石蜡等。该法不仅可以处理收集的废旧农膜，而且可以获得一定数量的新能源。目前，中国石化集团公司组织开发的废旧塑料回收再生利用技术已通过鉴定，这项技术可把废旧农膜、棚膜再生为油品、石蜡、建筑材料等，既解决了环境保护问题，又提高了可再生资源的利用率和经济效益。在连续生产的情况下，把废弃农膜经催化裂解制成燃料的设备日处理废弃农膜能力强，出油率可达40%~80%，汽油、柴油转化率高，符合车用燃油的标准和环境排放标准。

另外，废旧农膜能源化技术还可以利用其燃烧产生的热能。这方面的技术研究主要集中在废旧农膜早期处理设备、后期焚烧设备和热能转化利用设备等方面。焚烧省去了繁杂的前期分离工作，然而，由于设备投资高、成本高、易造成大气污染，因此，目前该方法仅限于发达国家和我国局部地区。

（二）废旧农膜材料化技术

在我国，废旧农膜回收后主要用于造粒。废旧农膜加工成颗粒后，只是改变了其外观形状，并没有改变其化学特性，依然具有良好的综合材料性能，可满足吹膜、拉丝、拉管、注塑、挤压型材等技术要求，被大量应用于生产塑料制品。我国有许多中小型企业从事废旧农膜的回收造粒，生产出的粒子作为原料供给各塑料制品公司，用来再生产农膜，或用于制造化肥包装袋、垃圾袋、栅栏、树木支撑、盆、桶、垃圾箱、土工材料、农用水管、鞋底等包装薄膜。

废旧农膜回收后还可以生产出一种类似木材的塑料制品。这种塑料制品可像普通木材一样用锯子锯、用钉子钉、用钻头钻，加工成各种用品。据测算，这种再生塑料制品的使用寿命在50年以上，可以取代化学处理的木材。由于这种木材不怕潮、耐腐蚀，特别适合在有流水、潮湿和有腐蚀性介质的地方（如公园长椅、船坞组件等）代替木材制品使用。此外，废旧农膜回收加工后还可以用作混凝土原料的土木材料等。

废旧农膜回收、加工利用可以变废为宝、化害为利，达到消除污染、净化田间的目的。废旧农膜回收、加工利用是地膜新技术带来的新产业，原料充足，产品销路广，经济效益高，具有较为广阔的发展前景。

第六章　节水灌溉与养分管理

第一节　节水灌溉

节水农业的关键在于减少灌溉水从水源到农田直至被作物吸收利用这个过程中的无效损失。从水源到作物产量的形成，水的无效损失可包括 3 个部分：第一部分为水源到田间入口过程中的输水损失，包括渗漏和蒸发；第二部分为田间储水损失，包括深层渗漏和田面蒸发；第三部分为作物蒸腾损失，包括作物产量形成过程中的无效蒸腾。为了减少第一部分损失，一般采用渠道防渗或管道输水；减少第二部分损失，可采用喷灌、微灌、膜上灌或波涌灌等新灌溉技术，也可平整土地、划小畦块、短沟或细流沟灌等，为了减少蒸发量可进行田间覆盖、培肥改土等；减少第三部分损失，可选用耐旱作物品种，采用节水灌溉制度或喷施蒸腾抑制剂等。另外，为了节约用水，在这三部分中都要将节水技术、节水管理贯穿在整个用水过程中。

一、节水灌溉工程技术

(一) 低压管道输水灌溉工程技术

低压管道输水灌溉（简称管灌）是利用低压管道代替土渠（明渠）输水到田间地头，进行沟（畦）灌溉的一种地面灌水技术。

1. 低压管道输水灌溉的优点

（1）节水。管道输水可减少渗漏和蒸发损失，输水的利用率可达95%~97%，比土渠输水节约水量30%左右，比硬化（或其他类型衬砌）渠道节水5%~15%。同时，若配套地面移动闸管系统和先进的地面灌水方法，综合省水可达30%以上。

（2）节能。低压管道灌溉，通过提高水的利用率，节约了灌溉用水量，提高水泵动力机械的装置效率，从而降低了消耗，一般可节能20%~50%。

（3）省地。以管代渠在井灌区一般可比土渠少占地2%左右，提高了土地利用率。

（4）输水快、省工、省时。管道水速度快，渗漏少，供水及时，浇地快，从而缩短了灌水周期，节省了灌水用工。据测试，灌溉效率可提高1倍，可节省灌溉用工1/2左右。

（5）适应性强，便于管理。低压管道输水灌溉不仅适合于井灌区，也适合于扬水站灌区和自流灌区。用压力管道输水，可以越沟、爬坡和跨路，不受地形限制，适合于当前农业生产责任制形式，便于单产和联产经营管理。主干管埋在地下，便于田间机耕和运输。地面配套移动软管，可解决零散地块的浇水问题。

2. 低压管灌系统的组成与分类

低压管道系统一般由水源、水泵及动力机、连接保护装置、输水管道、给配水装置及其他附属设备（如量水设备、排水阀、逆止阀和田间灌水设施）等部分组成。

低压管灌系统的类型一般可分为移动式、固定式和半固定式3种。

（1）移动式。除水源外，机泵和输水管道都是可移动的，特别适合与小水源、小机组和小管径的塑料软管配套使用。其优点是一次性成本低，适应性强，使用比较方便。缺点是软管使用

寿命短，易被草根、秸秆等划破，在作物生长后期，尤其是高秆作物灌溉比较困难。

（2）固定式。机泵、输配水管道、给配水装置等建筑物都是固定的，水从管道系统直接进入沟畦进行灌溉。

（3）半固定式。机泵、干（支）管和给水装置等地埋固定，而地面灌管是可移动的。它通过埋设在地下的固定管道将水输送到计划灌溉的地块，然后通过给水栓供水给地面移动管进行灌溉。它具有以上两种形式的优点，是国内外低压管灌较常用的一种形式。

（二）渠道防渗工程技术

灌溉渠道在输水过程中只有一部分水量通过各级渠道输送到田间被作物利用，而另一部分水量却从渠底、渠坡的土壤孔隙中渗漏到沿渠的土壤中，不能进入农田被作物利用，这就是渠道渗漏损失。研究表明，没有衬砌的土渠，其渗漏损失约占总引水量的30%~50%，有的高达60%，即如果渠道不衬砌，灌溉用水的50%以上将在渠道输水途中被渗漏掉。渠道防渗工程技术就是减少渠床土壤透水性或建立不易透水的防护层而采取的各种工程技术措施。

1. 减少渠床土壤透水性的防渗措施

（1）压实法。用人工或机械夯实渠底及边坡，破坏土壤原有结构，使土壤密实，减小其透水性。最适用于黏性土壤（黑土、壤土、黄土等），砂性土壤效果一般。

（2）人工淤填法。使水中所含的黏粒或细淤泥借水流下渗，进入并堵塞原有土壤空隙，减小透水性，适用于透水性较大的砂质土壤。

2. 混凝土“U”形渠道的修建

（1）采用机械开挖“U”形土槽。利用机械挖“U”形土槽并用衬砌机浇筑混凝土，能保证衬砌厚度均匀，有利于提高衬砌质量和施工效率。

（2）混凝土配合。水泥可用普通硅酸盐水泥、矿渣硅酸盐水泥或火山灰硅酸盐水泥，以普通硅酸盐水泥为好，水泥标号与混凝土强度的比值以 2~3 为宜。石子的最大粒径为衬砌板厚度的 1/2，超径的数量不大于 5%。砂要用中砂或细砂，细度模数一般不应小于 0. 2。混凝土的配合比和水灰比，应经试验确定，一般机械施工水灰比为 0. 55~0. 6，人工施工为 0. 65 左右。

（3）衬砌施工。通常采用现场浇筑和预制安装两种形式，一般渠道以现场浇筑施工较好，填方渠道和斗渠以下的小型渠道可用预制施工。预制施工可在工厂实行机械化生产预制件，然后运至现场砌筑。现场浇筑也可机械施工，可供选择的机械有：滑行式衬砌机，适用于流量 1 米^3/秒以下的小型渠道；轨道式衬砌机，适用于流量 2~3 米^3/秒的支渠；喷射混凝土衬砌，适用于大、中型渠道。

（三）喷灌工程技术

喷灌是喷洒灌溉的简称，它是利用专门的设备（动力机、水泵、管道等）把水加压或利用水的自然落差将有压水送到灌溉地段，通过喷洒器（喷头）喷射到空气中散成细小的水滴，均匀地散布在田间进行灌溉。

喷灌系统分为固定式、半固定式和移动式 3 种。固定式喷灌系统各组成部分在整个灌溉季节中（甚至长年）都是固定不动的，或除喷头外，其他部分固定不动。半固定式喷灌系统除喷头和装有许多喷头的支管可在地面移动外，其余部分固定不动。支管和干管常用给水栓快速连接。移动式喷灌系统除水源工程（塘、井、渠道等）固定外，动力水泵、管道、喷头都可移动。固定式喷灌系统操作方便、生产效率高、占地少，易于实现自控

和遥控作业，但建设投资较高，适用于蔬菜和经济作物灌区。移动式喷灌系统结构简单，投资较低，使用灵活，设备利用率高，但移动时劳动强度较大，路渠占地较多，运行费用相对较高，比较适用于抗旱灌溉的地区，是我国目前发展最多的喷灌形式。半固定式喷灌系统的特点介于上述两者之间，是我国今后应提倡发展的主要喷灌形式。

喷灌和地面灌溉相比，具有节约用水、节省劳力、少占耕地、对地形和土质适应性强、能保持水土等优点，因此被广泛应用于大田作物、经济作物、蔬菜和园林草地等。喷灌可以根据作物需水的状况，适时适量地灌水，一般不产生深层渗漏和地面径流，喷灌后地面湿润比较均匀，均匀度可达0.8~0.9。由于用管道输水，输水损失很小，灌溉水利用系数可达0.9以上，比明渠输水的地面灌溉省水30%~50%。在透水性强、保水能力差的土地，如砂质土，省水可达70%以上。由于喷灌可以采用较小的灌水定额进行浅浇勤灌，因此能严格控制土壤水分，保持肥力，保护土壤表层的团粒结构，促进作物根系在浅层发育，以充分利用土壤表层养分。喷灌还可以调节田间小气候，增加近地层空气湿度，在高温季节起到凉爽作用，而且能冲掉作物茎叶上的尘土，有利于作物呼吸作用和光合作用，故有明显的增产效果。

喷灌几乎适用于灌溉所有的旱作物，如谷物、蔬菜、果树等，也适用于透水性弱的土壤。喷灌不仅可以灌溉农作物，也可以灌溉园林、花卉、草地，还可以用来喷洒肥料、农药，同时具有防霜冻、防暑、降温和降尘等作用。据统计，我国适宜发展喷灌的面积约0.2亿公顷。但为了更充分发挥喷灌的作用，取得更好的效果，应优先应用于以下地方或地区：①经济效益高，连片、集中管理的作物；②地形起伏大或坡度较陡、土壤透水性较强，采用地面灌溉比较困难的地方；③灌溉水资源不足或高扬程灌区；④需调节田间小气候的作物，包括防干热风和防霜冻的地方；⑤劳动力紧张或从事非农业劳动人数较多的地区；⑥水源有足够的落差，适宜修建自压喷灌的地方；⑦不属于多风地区或灌溉季节风不大的地区。

(四) 微灌工程技术

微灌是一种新型的节水灌溉技术，包括滴灌、微喷灌、涌流灌。它根据作物需水要求，通过低压管道系统与安装在末级管道上的特制灌水器，将水和作物所需的养分经较小的流量均匀、准确地直接输送到作物根附近和土壤表面或土层中。与传统的地面灌溉和全部面积都湿润的喷灌相比，微灌常以少量水湿润作物根区附近的部分土壤。微灌的优点和适用范围如下。

1. 省水

因全部由管道输水，基本没有沿程渗漏和蒸发的损失，灌水时一般实行局部灌溉，不易产生地表径流和深层渗漏，水的利用率比其他灌水方法高，可比地面灌省水 50%~70%，比喷灌省水 15%~20%。

2. 节能

在 50~150 千帕的低压下运行，工作压力比喷灌低得多，又因省水显著，对提水灌溉来说节能也更为显著。

3. 灌水均匀

能有效地控制压力，使每个灌水器的出水量基本相等，均匀度可达 80%~90%。

4. 增产

能为作物生长提供良好的条件，较地面灌溉一般可增产 15%~30%，并能提高农产品的品质。

5. 适应性强

适用于山丘、坡地、平原等地形灌溉，不用平整土地。可调

节灌水速度以便适应不同性质的土壤。

6. 可利用咸水

能用含盐量2~4克/升的咸水灌溉，但在干旱或半干旱地区咸水灌溉的末期应用淡水进行灌溉洗盐。

7. 省工

不需要平地、开沟打畦，可实现自动控制，不用人工看管。由于常用作局部灌溉，相当部分土地在灌溉时不被湿润，杂草不易生长，减少除草工作量。

微灌的灌水器孔径很小，最怕堵塞。故对微灌的用水一般都应进行净化处理，先经过沉淀除去大颗粒泥沙，再进行过滤，除去细小颗粒的杂质等，特别情况还需要进行化学处理。由于微灌只湿润作物根区部分土壤，会引起作物根系因趋水性而集中向湿润区生长，造成根系发育不良，甚至发生根毛区堵塞灌水器出孔的情况，故在干旱地区微灌果树时，应将灌水器在平地上布置均匀，并最好采用深埋式。为防止鼠类咬坏塑料输水管，应将管道埋入鼠类活动层以下约距地面80厘米处。

微灌适用于所有的地形和土壤，特别适用于干旱缺水的地区，我国北方和西北地区是微灌最有发展前景的地方。南方丘陵区的经济作物因常受季节性干旱也很适宜微灌。北方的苹果宜采用滴灌、微喷灌和涌流灌；北方和西北的葡萄、瓜果采用滴灌最理想；南方的柑橘、茶叶、胡椒等经济作物及苗木、花卉、食用菌等宜采用微喷灌；大田作物如小麦、玉米等宜采用移动式滴灌。

根据不同的作物和种植类型，微灌系统可分为固定式和移动式两类。固定式全部管网固定在地表或埋入地下，灌溉时不再移动，常用于宽行作物，如果树、葡萄等。移动式的干、支管固定，田间毛管可在数行作物中移动，灌完一行，移至另一行再灌，常用于密植的大田作物和宽行瓜类等作物。根据管网安装方式不同，微灌系统又可分为地表式和地埋式两种。地表式一般支管和毛管铺设在地面上，安装方便，便于检修，但有碍耕作且易老化损坏。地埋式可避免地表式的缺点，但不便检修。

（五）渗灌工程技术

渗灌是利用修筑在地下的专门设施（管道或者鼠洞）将灌溉水引入田间耕作层，借毛细管作用自下而上湿润作物根区附近土壤的灌水方法，也称地下灌水方法。

渗灌落水质量高，能很好地保持土壤水分，节约灌溉水量，少占耕地，便于机耕，并可减少杂草和害虫繁殖；灌水效率高，并可利用地下管、洞加强土壤通气。但渗灌容易产生深层渗漏，使水量损失多，并抬高了地下水位，在盐碱地上容易助长土壤盐碱化；渗灌管道或鼠洞容易淤塞，且管理检修困难，造价较高。

渗灌系统的主要组成部分是地下管道网，一般可以分为输水管道和渗水管道两部分。输水管道的作用是连接水源，并将灌溉水输送到田间的渗水管道，它可以是明渠，也可以采用暗渠、暗管。

渗水管材料可按因地制宜、就地取材的原则，利用各种材料制造。一般有管道和鼠洞两种。目前，应用较多的管道材料是黏土烧管、多孔瓦管、多孔水泥管、竹管以及波纹塑料管等。其中，应用较多的多孔瓦管每节长 30~50 厘米，直径 10~15 厘米，管上部分布有直径 1~2 厘米的出水孔，间距 5~10 厘米，呈梅花形布置。渗水鼠洞是拖拉机牵引的专门的鼠洞犁耕层土壤开挖出来的土洞，它只适用于比较黏重的土壤。

渗灌技术主要包括埋深、间距、长度和管坡度等项内容。渗水管埋深依土壤性质、耕作要求及作物种类等条件而定。黏性土毛管上升高度大，可较砂性土埋深大些，管道的上缘应紧靠作物

根系集中层，并使埋深大于农业机械深耕的深度，且不会被机械行走压坏，一般埋深 40~60 厘米。管道间距主要决定于土壤质地、管内水头压力、管道埋深以及管材的透水性能。土壤黏重、管内水压较大、埋深大且管材透水性能良好时，间距可以大些；反之，间距宜小些。渗水管长度与管道铺设坡度、管内水流压力、流量以及管道渗水性能等有关。适宜的渗水管长度应使管道首尾两端土壤能湿润均匀，而深层渗漏损失最小。我国采用的无压渗水管长度为 20~50 米。管道铺设坡度与地面坡度基本一致。

（六）地面灌溉节水技术

1. 畦灌法

实施畦灌，要注意提高畦灌技术。理想的畦灌技术：在一定的灌水定额情况下，灌溉水由畦首流到畦尾的同时，从地表向下的垂直入渗也将该定额水量全部渗完，并在整个畦田的纵横两个方向上入渗水量分布均匀，浸润土层均匀，且不造成部分畦田田面积水与部分畦田土层湿润不足或发生深层渗漏与产生泄水流失。为达到上述要求，就必须选择合理的灌水技术要素。

畦灌灌水技术要素主要指畦长、畦宽、入畦单宽流量和放水入畦时间等。影响这些要素的因素主要有土壤渗透系数、畦田坡度、畦田糙率与平整程度以及作物种植情况，它们之间的关系极其复杂。在相同土质、地面坡度与畦长情况下，入畦单宽流量的大小主要与灌水定额有关。入畦单宽流量越小，灌水定额越大；入畦单宽流量越大，灌水定额越小。因此，可在不同条件下引用不同的入畦单宽流量，以控制灌水定额。地面坡度大的畦田，入畦单宽流量可小些，坡度小的入畦单宽流量可大些；砂土地渗透快，入畦单宽流量应大；土质黏重或壤土渗透慢，入畦单宽流量宜小。地面平整差的，入畦单宽流量可大些；地面平整好的，入畦单宽流量可小些。

2. 沟灌法

沟灌法的灌水沟一般均沿地面坡度方向布置，即基本上垂直于地面等高线。若地面坡度过大时，也可使灌水沟与地面坡度方向呈锐角布置，以使灌水沟获得适宜的比降。应设置适宜的地面坡度，坡度过大，水流速度快，易使土壤入渗不均匀，且达不到预定的灌水定额。

由于灌溉水沿灌水沟向土壤中入渗同时受着两种力的作用，重力作用主要使沿灌水沟流动的灌溉水垂直下渗，而毛细管作用除使灌溉水向下浸润外，亦向周围扩散，甚至向上浸润。因此，沿灌水沟断面不仅有纵向浸润，同时也有横向浸润，其纵横向的浸润范围主要取决于土壤透水性能与灌水沟的深浅或水流的时间长短。

沟灌灌水技术要素之间的关系：在地面坡度小、土壤透水性强、土地平整较差时，应使灌水沟短一些，入沟流量大一些，以使沿灌水沟湿润土壤均匀，沟首不发生深层渗漏，沟尾不产生流失；当地面坡度大、土壤透水性弱、土地平整较好时，应使灌水沟长一些，入沟流量小些，以保证有足够的湿润时间。目前，我国灌水沟在一般情况下：土壤透水性强的砂性土壤，沟长为30~50米；透水性弱的黏性土壤，沟长为60~100米，最长不要超过100米。入沟流量一般为0.5~3.0升/秒，为使入沟流量适宜，可根据输水沟流量大小，调整同时开口的灌水沟数量。沟灌灌水时间的控制，在生产实践中与畦灌法相同，可根据灌水定额、土壤透水性与灌水沟纵坡度等条件，采用七成、八成或九成封沟改水或满沟封口改水等办法。

为了与地膜覆盖栽培技术相结合，新疆一些灌区研究采用膜上沟灌法，比采用膜侧沟灌法节水效果显著，一般可节水70%左右。膜上沟灌可以保持土壤结构，表层土壤疏松不板结，可以充

分发挥地膜热效应作用，地温稳定并维持增温效应；土壤水分分布均匀，土、肥不会被冲刷和流失，改善了土壤的水、气、热、肥的环境条件。

膜上沟灌是在地膜栽培的基础上，不再增加投资，把膜侧沟灌水流改为在膜上沟灌水流，以进一步利用地膜防渗输水，同时又通过放苗孔渗水，适时适量供水给作物，从而达到节水灌溉的目的。

膜上沟灌灌水技术除与一般沟灌灌水技术的要求相同外，对于某些地块，还应考虑灌水强度、膜沟长、膜沟宽、灌水时间、灌水定额和入膜沟流量等因素。

二、节水农艺技术

节水栽培的目标就是提高作物群体的水分利用率和产量。大量研究表明，作物和品种间的耐旱性、对水分条件的适应性和水分利用率是不同的，作物不同生育期对水分的需求和水分亏缺胁迫的敏感性各异。保证作物营养与合理施肥，可以促进根系生长，增强吸收功能，调节“作物-光合-水分”的关系；化学调控能提高作物抗旱力，改善光合蒸腾比率，提高水分利用率。作物对水分亏缺的适应是通过根系扩展和渗透调节这两条途径来实现的。因此，提高作物群体的水分利用率和产量是可能的，且有巨大潜力。

（一）节水高产作物品种

节水高产作物品种是指具有节水、抗逆、高产、高水分利用率的作物品种。现在一般认为，作物水分利用率是一个可遗传的性状，既受遗传基因控制，又受环境因素和栽培条件的影响，而且随其变化而变化。不同光合途径类型和不同种类作物间，水分利用率也存在很大差异。

作物品种的水分利用率与其抗旱性有关，但非同一概念。抗旱品种的水分利用率不一定高，在正常供水条件下，抗旱品种全生育期总耗水量一般不比不抗旱品种少，但产量低，故抗旱力不一定增加。总之，作物品种水分利用率由本身遗传特性、形态和生理过程所决定，并在环境条件的综合作用下得以体现。通过引种和选种来提高作物水分利用率是确有潜力的。作物品种对水分亏缺的适应性和水分利用率的差异，则是对作物品种选择和布局搭配的重要依据。

作物品种选择的原则：对水分条件适应力强、御旱性好、综合抗性好、稳定高产、水分利用率高。具体标准大致如下：种子吸水力强，叶片抗脱水力好，根系发达入土深、吸收活力高而稳定、后期活力衰降缓慢。

（二）土壤培肥、施肥与水分利用率

农田土壤的水分利用效率除与作物种类、品种有关外，还与土壤肥力的高低有着密切的关系。各地试验研究表明，在适度范围内，增施一定数量肥料，尤其是配方施肥，则作物的总耗水量虽相差不多，但产量可明显增长，从而使耗水系数大幅度下降，导致水分利用效率提高。

（三）覆盖栽培节水技术

我国覆盖栽培（地膜和秸秆覆盖）面积和作物种类已居世界首位。实践证明，覆盖栽培具有显著的保墒、增温、节水防旱作用，还具有改善土壤理化性状、提高土壤肥力有效性、提高作物耗水比（蒸腾/蒸发）、促进作物早熟和增产等特点，是一项高效应用降水和灌溉水的抗灾、节水、高产措施。地膜覆盖栽培广泛应用于粮、棉、油大田作物和蔬菜种植。秸秆覆盖在北方小麦、玉米和果树生产上大面积得到推广应用。

（四）节水抗旱化学调控技术

面对水资源缺乏的严峻挑战，长期以来寻找调节植物发育及

内部代谢反应、促进根系扩展和减小蒸腾、提高水分利用率和抗旱性等化学物质及其调控技术，一直是农业生物学所关注并进行研究的热点，目前，各项技术已取得多项进展。

三、节水管理技术

（一）制定促进水资源合理利用的价格体系

目前世界上许多国家都明确了征收水费的政策，以促进水的有效利用和加强工程的维护管理，从而提高水的利用效率。我国供水水费标准过低，用水管理尚未形成良性的市场机制，供水价格远远低于供水成本。

对水资源的严格管理，不仅要体现在灌溉系统的现代化方面，而且对用水户也应当实行严格的需求管理，对所有的用水户都要按量收费，并实行差别收费以及按计划供水和超用惩罚制度。

（二）重视农业与水利措施综合管理

国内外的试验研究和生产实践证明，只有采取农业与水利的综合管理措施，将节水型农业从水源到形成作物干物质时的水分转化和水分运行过程中各个环节的管理措施统一起来综合实施，才能实现农业的节水、高产、优质、高效。

（三）建立信息管理体系

灌溉信息管理是实现灌溉用水现代化、自动化及科学用水的基础。灌溉水信息管理系统主要由灌区用水信息管理中心、灌区用水信息采集传输系统、灌区用水数据库管理系统、灌溉计划用水管理系统、灌溉自动化监控系统组成。

第二节　养分管理

植物所需要的 16 种养分元素中：碳、氢、氧是非矿物质元素，来自空气和水；其余 13 种为矿物质元素，来自土壤，主要是以肥料的形式施用被作物吸收利用的。植物养分 60%～70%是从土壤中吸收，作物的产量和品质与土壤养分状况关系密切。进入 21 世纪，我国农业虽面临更大挑战，我国人口的持续增长对粮食和其他农副产品的生产提出了新的要求；另外，化肥的大量盲目和不合理施用给环境带来一些不利影响。因此，科学合理地对土壤养分进行管理，提高肥料的利用效率显得十分重要。

一、测土配方施肥技术

（一）测土配方施肥的概念

测土配方施肥是农业技术人员运用现代农业的科学理论和先进的测试手段，为农业生产单位或农户提供科学施肥指导和服务的一种技术系统。测土配方施肥以土壤养分测试和肥料田间试验为基础，根据作物需肥规律、土壤供肥性能和肥料性质及肥料利用率，在合理施用有机肥的基础上，提出氮、磷、钾及中量、微量元素等肥料的施用品种、数量、施肥时期和施用方法，以满足作物均衡地吸收各种营养，同时维持土壤的肥力水平，减少养分流失和对土壤的污染、达到高产、优质和高效的目的。

（二）测土配方施肥的内容

1. 田间试验

田间试验是获得各种作物最佳施肥量、施肥时期、施肥方法的根本途径，也是筛选、验证土壤养分测试技术、建立施肥指标体系的基本环节。通过田间试验，掌握各个施肥单元不同作物的优化施肥量，基肥、追肥分配比例，施肥时期和施肥方法；摸清土壤养分校正系数、土壤供肥量、农作物需肥参数和肥料利用率等基本参数；构建作物施肥模型，为施肥分区和肥料配方提供依据。

2. 土壤测试

测土是制定肥料配方的重要依据之一，随着我国种植业结构不断调整，高产作物品种不断涌现，施肥结构和数量发生了很大的变化，土壤养分库也发生了明显改变。通过开展土壤氮、磷、钾、中微量元素养分测试，了解土壤供肥能力状况。

3. 配方设计

肥料配方环节是测土配方施肥工作的核心。通过总结田间试验、土壤养分数据等，划分不同区域施肥分区；同时，根据气候、地貌、土壤、耕作制度等相似性和差异性，结合专家经验，提出不同作物的施肥配方。

4. 校正试验

为保证肥料配方的准确性，最大限度地减少配方肥料批量生产和大面积应用的风险，在每个施肥分区单元，设置配方施肥、农户习惯施肥、空白施肥 3 个处理，以当地主要作物及其主栽品种为研究对象。对比配方施肥的增产效果，校验施肥参数，验证并完善肥料配方，改进测土配方施肥技术参数。

5. 配方加工

配方落实到农户田间是提高和普及测土配方施肥技术的最关键环节。目前不同地区有不同的模式，其中最主要的也是最具有市场前景的运作模式就是市场化运作、工厂化生产、网络化经营。这种模式可适应我国农村农民科技素质低、土地经营规模小、技物分离的现状。

6. 示范推广

为促进测土配方施肥技术能够落实到田间地头，既要解决测土配方施肥技术市场化运作的难题，又要让广大农民亲眼看到实际效果，这是限制测土配方施肥技术推广的瓶颈。建立测土配方施肥示范区，为农民创建窗口，树立样板，全面展示测土配方施肥技术效果。推广“一袋子肥”模式，将测土配方施肥技术物化成产品，打通技术推广的“最后一公里”。

7. 宣传培训

测土配方施肥技术宣传培训是提高农民科学施肥意识，普及技术的重要手段。农民是测土配方施肥技术的最终使用者，迫切需要向农民传授科学施肥方法和模式；同时还要加强对各级技术人员、肥料生产企业、肥料经销商的系统培训。逐步建立技术人员和肥料商持证上岗制度。

8. 效果评价

农民是测土配方施肥技术的最终执行者和落实者，也是最终的受益者。检验测土配方施肥的实际效果，及时获得农民的反馈信息，不断完善管理体系、技术体系和服务体系。同时，为科学地评价测土配方施肥的实际效果，必须对一定的区域进行动态调查。

9. 技术创新

技术创新是保证测土配方施肥工作长效性的科技支撑。重点开展田间试验方法、土壤养分测试技术、肥料配制方法、数据处理方法等方面的研发工作，不断提升测土配方施肥技术水平。

（三）测土配方施肥的原则

1. 有机无机相结合的原则

有机肥料为基础。施用有机肥料可以增加土壤有机质含量，改善土壤水、肥、气、热状况，提高土壤保水保肥，补充氮磷钾及多种中、微量元素，还可以为作物后期补充养分。

2. 大中微量营养元素配合的原则

根据作物生长的需要，有针对性地补充各种营养元素，是测土配方施肥的重要内容。不仅强调氮、磷、钾大量元素的合理配比，还要兼顾中量，微量元素的配合施用，才能获得高产。

3. 用地与养地相结合的原则

耕地是一个相对独立的养分循环系统，客观上要求实现养分输出与输入相平衡。因此必须坚持用养结合，形成物质和能量的良性循环，才能实现耕地资源的可持续利用。

(四) 测土配方施肥的方法

1. 目标产量配方法

目标产量配方法是根据作物产量的构成，按照土壤和肥料两方面供应养分的原理来计算施肥量。目标产量确定后，根据需要吸收多少养分才能达到目标产量，来计算施肥量。此方法又可分为养分平衡法和地力差减法，两者的区别在于计算土壤供肥量的不同。

(1) 养分平衡法。养分平衡法是通过施肥达到作物需肥和土壤供肥之间养分平衡的一种配方施肥方法。其具体内容：用目标产量的需肥量减去土壤供肥量，其差额部分通过施肥进行补充，以使作物目标产量所需的养分量与供应养分量之间达到平衡。

(2) 地力差减法。地力差减法是利用目标产量减去地力产量来计算施肥量的一种方法。地力产量就是作物在不施任何肥料的情况下所得到的产量，又称空白产量。

2. 地力分区（级）配方法

地力分区（级）配方法的主要内容：首先根据地力情况，将田地分成不同的区或级，然后再针对不同区或级田块的特点进行配方施肥。

(1) 根据地力分区（级）。分区（级）的方法，可以根据测土配方施肥土壤样本检测数据，按土壤养分测定值高低，划分出高、中、低不同的地力等级；也可以根据产量基础，划分若干肥力等级。在较大的区域内，可以根据测土配方施肥耕地地力评价，对农田进行分区划片，以每一个地力等级单元作为配方区。

（2）根据地力等级配方。由于不同配方区的地力差别，应在分区的基础上，针对不同配方区的特点，根据土壤样点分析数据及田间试验结果，以及当地群众的实践经验，制定出适合不同配方的适宜肥料种类、用量和具体的实施方法。

3. 田间试验配方法

选择有代表性的土壤，应用正交、回归等科学的试验设计，进行多年、多点田间试验，然后根据对试验资料的统计分析结果，确定肥料的用量和最优肥料配合比例的方法称为田间试验法。

（1）肥料效应函数法。不同肥料施用量对作物产量的影响，称为肥料效应。施肥量与产量之间的函数关系可用肥料效应方程式表示。此法一般采用单因素或双因素多水平试验设计为基础，将不同处理得到的产量进行数理统计，求得产量与施肥量之间的函数关系（即肥料效应方程式）。对方程式的分析，不仅可以直观地看出不同元素肥料的增产效应，以及其配合施用的联应效果，而且还可以分别计算出肥料的经济施用量（最佳施用量）、施肥上限和施肥下限，作为建议施肥量的依据。

（2）养分丰缺指标法。对不同作物进行田间试验，如果田间试验的结果验证了土壤速效养分的含量与作物吸收养分的数量之间有良好的相关性，就可以把土壤养分的测定值按一定的级差划分成养分丰缺等级，得出每个等级的施肥量，制成养分丰缺及所施肥料数量检索表，然后只要取得土壤测定值，就可对照检索表按级确定肥料施用量，这种方法被称为养分丰缺指标法。

为了制定养分丰缺指标，首先要在不同土壤田地上安排田间试验，设置全肥区（如NPK）或缺肥区（如NP）两个处理，最后测定各试验地土壤速效养分的含量，并计算不同养分水平下的

相对产量（即 NP/NPK×100）。相对产量越接近 100%，施肥的效果越差，说明土壤所含养分丰富。在实践中一般以相对产量作为分级标准。通常的分级指标是：相对产量大于 95%为“极丰”，85%～95%为“丰”，75%～85%为“中”，50%～75%为“缺”，小于 50%为“极缺”。在养分含量极缺或缺的田块施肥，肥效显著，增产幅度大；在养分含量中等的田块，肥效一般。可增产 10%左右；在养分含量丰富或极丰富田块施肥，肥效极差或无效。

（3）氮、磷、钾比例法。通过田间试验，确定氮、磷、钾三要素的最适用量，并计算出三者之间的比例关系。在实际应用时，只要确定了其中一种养分的用量，然后按照各种养分之间的比例关系，再决定其他养分的肥料用量，这种定肥方法叫氮、磷、钾比例法。

配方施肥的 3 类方法可以互相补充，并不互相排斥。形成一种具体的配方施肥方案时，可以其中一种方法为主，参考其他方法，配合运用，这样可以吸收各种方法的优点，消除或减少采用一种方法的缺点，在产前确定更加符合实际的肥料用量。

二、磷、钾和微量元素监测应用技术

在缺磷、钾土壤上施用磷、钾肥，一般可收到增产的效果。除了加大有机肥的施用和推广旱地作物秸秆还田可以补充土壤磷、钾元素以外，施用化学磷肥和钾肥是补充土壤磷素和钾素、供给作物磷素和钾素营养最直接、最有效的办法。对于磷素和钾素可以采用恒量监控技术对其进行监测，土壤磷、钾水平是作物是否需要施肥以及施肥数量的关键因素。关键技术主要包括：①以作物相对产量为参比标准，筛选与其相关性最好的土壤速效养分的提取测定方法；②确定土壤某一养分含量的丰缺指标。首先测定土壤速效养分含量，然后在不同肥力水平的土壤上进行多点试验，取得全肥区和缺素区的相对产量，用相对产量的高低表达养分丰缺状况。通常以相对产量在50%以下的土壤养分含量为“极低”，50%~70%为“低”，70%~95%为“中等”，大于95%为“高”，从而确定土壤养分的丰缺指标。土壤磷、钾水平较低时，施磷、钾的目标为获得期望产量与增加土壤磷、钾库；土壤磷、钾水平较高时，施磷、钾仅仅是为了达到更好的产量水平，磷、钾施用数量也较少；土壤磷、钾超过临界值时，可以不施用磷、钾肥。

农作物对硼、锌、钼等微量元素的需要量虽然很小，但施用后一般都可起到增产、提高品质的作用。果树等属于喜硼作物，对硼元素十分敏感，缺硼将会导致“花而不实”“蕾而不花”，严重影响作物产量。果树等施硼一般采用基施的方式，每亩0.5~1.0千克；也可采用叶面喷施的方式，亩用硼肥100~200克，兑水40~50千克喷雾。水稻、小麦、玉米施锌，一般用锌肥1.0~1.5千克作基肥施用。花生用钼肥拌种，一般掌握一亩种子用钼肥12克即可。

三、提高养分利用效率的植物-土壤互作调控技术

依据植物-土壤相互作用原理，提高土壤养分资源利用效率的关键是要提高养分的时空有效性和养分的生物有效性，并促进土壤无效养分的高效活化，与植物-土壤相互作用的根际生态调控有关的技术措施主要有促根壮根技术、间套作种植和轮作、营养高效育种、根系分泌作用调节、植物冠根调节、根际微生物调控、农艺措施调控等。

（一）调控根系生长

调控根系生长是养分资源高效利用的重要途径。通过促进根

系生长和壮根技术，可以显著提高根系活力，增加根系可影响的土壤体积，扩大根际土壤占土体的比例，进而增加根系占有土壤养分资源的数量。根系调控的途径主要有：①增加根系数量、扩大根系分布，促进根系下扎，提高土壤下层养分的利用效率；②提高根系活力、扩大根际范围。

（二）调控作物的种植搭配

间作套种也是提高养分空间有效性的重要措施。在间作系统中，至少有两种作物在一定生长期内共生在一起，种间必然发生相互影响。不同植物的根系形态及其在土壤中的分布不同，因此，不同根系特点的作物轮作或间、套作能相互取长补短，提高养分的空间有效性。

（三）利用根分泌物的活化作用

通过根系分泌作用的调节可以提高土壤养分的生物有效性。根分泌物是植物在生长过程中通过根的不同部位向生长介质中分泌的一组种类繁多的物质。这些物质中含有低分子量有机物质、高分子量黏胶物质、根细胞脱落物及其分解产物、气体、质子和养分离子。在营养胁迫下，根分泌物的数量大大增加，光合作用固定碳的25%~40%可以通过根系分泌作用进入根际。这些根分泌物是维持根际生态系统活力的重要因素，也是根际生态系统中物质循环的必需组分。根系分泌物或通过改变根际pH值和氧化还原条件，或通过螯合作用和还原作用来增加某些养分元素的溶解度和移动性，从而促进植物体对这些养分的吸收和利用。此外，根分泌物还可促进根际微生物活性，从而间接影响矿质养分的有效性。专一性根分泌物是植物适应环境胁迫（特别是矿质养分胁迫）的重要标志。植物通过自身的生理调节与环境胁迫抗争，以期在竞争与不利环境的考验下生存下来。由于根分泌物与矿质养分的胁迫关系密切，因而必然对种群的分布和群落结构产生影响。由上可见，根分泌物对于养分资源的高效利用具有重要的意义。

（四）调控根际微生物的活性

根际微生物的调控可以活化土壤无效养分。在生态系统中，植物根系和土壤密切接触，形成了变异性很大的土壤微生物区系。在这里，许多微生物包括真菌、细菌、放线菌、原生动物和线虫等极其活跃，同时也存在着厌氧或好氧的微域，微生物利用根系分泌的和根际土壤中存在的各种有机物质进行代谢活动，使根际微生物的数量远远超过原土体。微生物的数量和种群主要取决于根分泌物的种类、数量以及土壤性质和环境因素等生态条件。因此，根系除了从环境中吸收养分和水分之外，还通过与微生物的相互关系影响自身的生长发育和周围的生态环境，进而影响养分的吸收和利用。正因为如此，应用植物生长的促生菌和接种菌根真菌的技术能显著改善作物的生长状况，提高抗病能力及其对养分的吸收利用效率。

（五）合理施肥和其他农艺调控措施

除了以上生物学调控措施以外，外部的施肥和其他农艺调控措施也是提高养分利用效率的重要途径。通过合理施肥调控根系生长和发育，可以协调根层养分供应和作物需求之间的矛盾，使作物根系发挥最大的养分利用效率；改变氮肥形态或铵态氮与硝态氮的比例也可改变根际 pH 值，从而显著影响土壤微量元素的有效性；土壤改良能促进养分的活化。

第七章 农业生态环境保护与治理技术

第一节 农业面源污染防治技术

在农业生产生活中，存在多种环境污染源，如化肥、农药、畜禽粪便、农用地膜等。如果使用或处理不当，都会对环境造成一定的污染，对农业生态的平衡造成破坏。

一、化肥污染的防治

（一）化肥的分类

肥料的分类方法很多，一般将肥料分为有机肥料、无机肥料和微生物肥料。

有机肥料又称农家肥，其特点是原料来源广，数量大；养分全，含量低；肥效迟而长，须经微生物分解转化后才能为植物所吸收；改土培肥效果好。无机肥料，是相对有机肥料而言，由无机物质组成的肥料，又称化学肥料，简称化肥。微生物肥料是指一类含有活的微生物并在使用中能获得特定肥料效应能增加植物产量或提高品质的生物制剂。

化肥按所含养分种类，可分为氮肥、磷肥、钾肥、钙镁硫肥、复合肥、微量元素肥（微肥）等。常用的磷肥有过磷酸钙、重过磷酸钙、钙镁磷肥、磷矿粉等，常用的钾肥有氯化钾、硫酸钾、窑灰钾肥等，常用的复合肥有磷酸一铵、磷酸二铵、硝酸磷肥、磷酸二氢钾及多种掺混复合肥，常用的微肥有硫酸锌、硫酸亚铁、硫酸锰、硼砂、钼酸铵等。

（二）化肥污染的防治技术

1. 改进施肥方式，正确施肥

（1）建立科学的施肥制度。由于各地气候、地形、生物、土壤性质和肥力水平各不相同，各地的栽培耕作制度以及作物品种也有一定的差别，因此，要根据土壤的供肥特性、作物的需肥和吸肥规律以及计划产量水平，确定最佳营养元素比例、肥料用量、肥料形态、施肥时间和方法等。

（2）合理配合施肥。要获得作物的高产稳产，必须为作物均衡供应多种养分。为此要科学地确定氮、磷、钾及其他中、微量元素肥料的用量比例。应提倡有机与无机肥料的配合施用，实现用地与养地相结合。

（3）利用“3S”技术精确施肥。“3S”技术是指能够采集空间宏观信息的遥感技术（RS）、处理地面信息的地理信息系统（GIS）和确定地理位置的全球定位系统（GPS）技术。三者联合构成一个信息采集、处理和可精确操作的体系，能够针对农田土壤肥力微小的变化将施肥操作调整到相应的最佳状态，使施肥操作由粗放到精确。这一高新技术的应用，可以极大地减少肥料的浪费，提高化学肥料的利用率。

2. 提高肥料养分资源的利用率

作物对化学肥料利用率不高是造成环境污染的重要原因。因此，提高肥料养分资源的利用效率是防治施肥造成环境污染的重要措施。主要有以下途径。

（1）物理途径。改良肥料剂型，提倡施用液态氮肥和复合肥料是提高肥料利用率的有效措施。如氮肥深施或施肥后控水灌

溉等，以减少 N_2O 的排放。

（2）化学途径。研制化肥新品种，发展复合肥，减少杂质以提高化肥质量，是提高化肥利用率的有效途径之一。如缓控释肥料。

（3）生物途径。通过育种策略，培育耐水分、养分胁迫的优良品种，是提高农田养分资源利用率的重要途径。

3. 提倡使用农家肥

目前，大多数农民还没有意识到化肥对环境和人体健康造成的潜在危险。因此，要加大化肥污染的宣传力度，完善农村环保农技科普机制，提高群众的环保意识，使人们充分认识到化肥污染的严重性。

提倡使用农家肥，以农作物的秸秆、动物的粪便以及各种植物为原料，利用沼气池产生沼液制作高质量的农家有机肥，施用有机肥能够增加土壤有机质、土壤微生物，改善土壤结构，提高土壤的吸收容量以及自净能力，增加土壤胶体对重金属等有毒物质的吸附能力。

各地可根据实际情况推广豆科绿肥，比如推广引草入田、草田轮作、粮草经济作物带状间作和根茬肥田等种植形式。因为豆科植物在生长时会有固氮菌进行固氮，豆科植物的秸秆含有丰富的氮。这种利用生态固氮的方式应该加以推广。

4. 施用化学改良剂

施用化学改良剂，采取生物改良措施防治化肥造成的重金属污染。在重金属轻度污染的土壤中施用抑制剂，可将重金属转化成为难溶的化合物，减少农作物的吸收量。石灰、碱性磷酸盐、磷酸盐和硫化物等抑制剂在一定的环境中改良效果显著。此外，小面积受污染土壤可以种植抗性作物或对某些重金属元素有富集能力的低等植物。

二、农药污染的防治

（一）农药的概念和分类

1. 农药的概念

广义的农药是指用于预防、消灭或者控制危害农业、林业的病虫草害和其他有害生物以及有目的地调节、控制、影响植物和有害生物代谢、生长、发育、繁殖过程的化学合成或者来源于生物、其他天然产物及应用生物技术产生的一种物质或者几种物质的混合物及其制剂。狭义的农药是指在农业生产中，为保障、促进植物和农作物的成长，所施用的杀虫、杀菌、杀灭有害动物（或杂草）的一类药物统称。特指在农业上用于防治病虫害以及调节植物生长、除草等药剂。

2. 农药的分类

根据原料来源，可分为有机农药、无机农药、植物性农药、微生物农药。此外，还有昆虫激素。

根据防治对象，可分为杀虫剂、杀菌剂、杀螨剂、杀线虫剂、杀鼠剂、除草剂、脱叶剂、植物生长调节剂等。

根据加工剂型，可分为可湿性粉剂、可溶性粉剂、乳剂、乳油、浓乳剂、乳膏、糊剂、胶体剂、熏烟剂、熏蒸剂、烟雾剂、水剂、颗粒剂、微粒剂等。大多数是液体或固体，少数是气体。

（二）农药污染的防治

1. 减少农药用量

综合防治是一种科学合理地管理、控制病虫草害发生危害的系统。它把生物控制和有选择地使用化学农药等手段有效地结合起来，充分利用天敌防治这一自然因素，并补充必要的人工因素，只是在病虫草害所造成的损失接近经济阈限时才使用农药，从而达到减少农药用量、获得最大防治效果、减轻环境污染的

目的。

（1）植物检疫。植物检疫是贯彻“预防为主，综合防治”方针的一项根本性措施。防止危险性病虫杂草种子随同植物及农产品传入国内和带出国外，称为对外检疫。当危险性病虫杂草已由国外传入或由国内一个地区传至另一个地区时，及时采取有力措施彻底消灭；当国内局部地区已发生危险性病虫杂草时，立即限制、封锁在一定范围内，防止蔓延扩大，这两项内容称为对内检疫。

（2）农业防治。农业防治是利用耕作和栽培技术，改良环境条件以避免病虫草害的发生。例如，通过轮作来消灭西瓜枯萎病，对于发病严重的西瓜地，加大间隔时间。水稻害虫三化螟越冬后，灌水泡田 10 天左右，可使其幼虫窒息死亡。合理施肥可减轻病虫害的发生，如氮肥过多会加重稻瘟病、水稻白叶枯病、稻纵卷叶螟的发生危害，棉花后期喷施磷肥，可大大减轻棉铃虫的危害。

选育抗病虫害的品种是农业防治技术的一项重要措施，如扬州市农业科学研究院培育的扬麦品种一般可在每年 5 月 20 日之前灌浆成熟，因而可以避过麦穗蚜的危害盛期。

（3）物理防治。主要是利用各种物理方法来预测和捕杀害虫。这种方法具有经济、方便、有效和不污染环境的优点，可直接消灭病虫草害于大发生之前或大量发生时期。例如，利用昆虫的趋光性安装黑光灯诱杀害虫等。

（4）生物防治。生物防治是综合防治系统的重要组成部分。在生产上常用的方法是利用自然界的各种有益生物（又称天敌）或微生物来控制有害生物。如我国采用赤眼蜂防治甘蔗螟、稻纵卷叶螟、玉米螟和松毛虫；用平腹小蜂防治荔枝蝽；用金小蜂防治棉铃虫；用草蛉防治棉花害虫；用啮小蜂防治水稻三化螟等。此外，利用益鸟如猫头鹰来控制鼠害。生物防治还可以通过控制害虫繁殖使其自行消灭。如利用自灭剂，即采用 X 射线照射的方法，在实验室内培育大量的不育蝇，然后放出，使其与天然蝇交配，不产生后代，从而达到灭除效果。

（5）化学防治。化学防治是利用化学药剂直接或间接地防治病虫草害的方法，是当前国内外广泛应用的手段。这种方法突出的优点是：作用快、效果显著、方法简便、成本低。而且化学药剂可以工业化生产，受地域性和季节性的限制少，加上现代化植保机械的发展和应用，可以充分发挥化学药剂的施用效率。因此，在当前和今后相当长的时间内，化学防治在综合防治中仍然占有极其重要的地位。

2. 安全合理使用农药

农药的安全合理使用首先要做到对症下药，使用品种和剂量因防治对象不同应有所不同。如对不同口器的害虫选择不同的药剂；根据害虫对一些农药的抗药性合理选择药剂；考虑某些害虫对某种药剂有特殊反应选择药剂等。其次是适时、适量用药，应在害虫发育中抵抗力最弱的时间和害虫发育阶段中接触药剂最多的时间施用农药。同时，根据不同作物、不同生长期和不同药剂选择最佳施入剂量。

3. 生物修复

农药的生物修复就是充分利用土壤中微生物对农药的降解作用，并采用人工调试措施，调节微生物或酶的活性，强化其对农药的降解能力，从而加速农药的降解速度，以达到人们所期望的去除效果。

三、畜禽粪便污染减控技术

（一）畜禽粪便污染的途径

畜禽粪便中含有大量氮、磷和有机污染物等。畜禽粪便成为

面源污染的途径主要有：一是畜禽粪便作为肥料施用后，粪便中氮、磷从耕地淋失；二是由于畜禽生产中不恰当的粪便储存，氮、磷养分的渗漏；三是不恰当的储存和田间运用养分时散发到大气中的氨；四是乡村地区没有进行充分的废水处理设施，污染物直接排入农田。

（二）畜禽粪便清洁生产技术

一方面是采用清洁生产技术，减少污染物排放；另一方面是将畜禽粪便资源化，包括沼气利用技术，粪便的饲料化、肥料化等。下面主要介绍清洁生产技术。

1. 清洁生产的概念

清洁生产是将污染防治战略持续应用于生产全过程，通过不断地改善管理和技术进步，提高资源利用率，减少污染物排放以降低对环境和人类的危害。这是20世纪80年代以来发展起来的一种新的、创造性的保护环境的战略措施，是防治畜禽粪便污染的较好方法，是实施可持续发展战略的重要措施。

2. 养殖业清洁生产技术

（1）科学的饲料配方。导致养殖业污染的根源在于饲料，因此，推行和使用安全、高效的环保型饲料是防治畜禽粪便污染的关键。

（2）清粪工艺。我国规模化养殖目前存在的主要清粪工艺有3种：水冲式、水泡式（自流式）和干清粪工艺。水冲式清粪工艺和水泡式清粪工艺耗水量大，并且排出的污水和粪尿混合在一起，给后处理带来很大困难，而且固液分离后的干物质肥料价值大大降低，粪中的大部分可溶性有机物进入液体，使得液体部分的浓度很高，增加了处理难度。北方地区应用较多的是水泡式清粪工艺，由于粪便长时间在畜禽舍内停留，导致厌氧发酵，产生大量的有害气体如硫化氢、甲烷等，会危及动物和饲养人员的健康。干清粪工艺是指粪便一经产生便分流，可保持畜禽舍内清洁，无臭味，产生的污水量少，且浓度低，易于净化处理。干粪直接分离养分损失小，肥料价值高，这是目前比较理想的清粪工艺。

由此可见，对养殖场的粪便污水治理，首先应从生产工艺上进行改进，采用用水量少的清粪工艺——干清粪工艺，使干粪与尿、水分流，最大限度地保存粪便的肥效。其次，通过优化饲料配方、改进饲养技术、改造畜舍结构、改进清粪工艺，以及建立畜牧养殖业低投入、高产出、高品质的畜产品清洁生产技术体系，实现畜牧养殖行业无废物排放和资源再循环利用，保证畜牧业可持续发展。

四、农膜污染的防治

（一）农用地膜残留的危害

1. 破坏土壤环境

土壤中残膜会改变或切断土壤孔隙连续性，致使重力水移动时产生较大的阻力，从而使水分渗透量因农膜残留量增加而减少，土壤含水量下降，削弱耕地抗旱能力，甚至会导致水难以下渗，引起土壤次生盐碱化。

2. 影响作物生长

普通农膜材料为高分子聚合物，其残留于土壤中难以分解，会影响土壤透气性，阻碍土壤水肥转运，影响土壤微生物活动和正常土壤结构形成，最终降低土壤肥力水平，影响作物生长发育，导致作物减产。同时，农田残膜的机械阻隔作用还会导致作物出苗困难和幼苗成活率降低。

3. 污染农村环境

由于残膜回收的局限性，加上处理不彻底，部分清理出的残

膜弃于田边、地头，大风刮过后，残膜被吹至房前屋后、田间树梢，影响农村环境，造成白色污染。

4. 危害牲畜安全

残膜与农作物秸秆、饲草混在一起，被牛羊等食草动物误食后，会阻塞食道，影响消化吸收，严重时可能造成牲畜窒息性死亡。

（二）农用地膜残留的有效防治方法

1. 科学使用地膜

对覆膜种植产出效益没有明显增长，正常种植管理能满足作物生长需求的，建议尽量减少使用或不使用地膜。对必须覆膜种植的，建议使用强度高、易回收的标准加厚地膜（厚度≥0. 015毫米）或全生物降解地膜。

2. 购买标准地膜

2020 年 9 月 1 日，农业农村部、工业和信息化部、生态环境部、市场监管总局联合颁布施行的《农用薄膜管理办法》第六条规定："禁止生产、销售、使用国家明令禁止或不符合强制性国家标准的农用薄膜。"因此，一定要到正规的农资市场购买地膜，注意查看地膜产品合格证，务必使用厚度大于 0. 01 毫米的国家标准地膜或全生物降解农用薄膜。杜绝购买"三无"产品和超薄地膜，从源头上提高地膜的可回收性。

3. 及时回收废旧地膜

春季农作物种植前和秋季农作物收获后，要及时捡拾残留在耕地中的废旧地膜，并将捡拾的废旧地膜交到有关回收网点，便于再利用或无害化处理，严禁将废旧地膜随意弃置、掩埋或者焚烧。

第二节　水土保持技术

水和土是人类赖以生存的基本物质，是发展农业生产的重要因素。水土保持对于改善水土流失地区的农业生产条件，建设生态环境，减少水、旱、风沙等灾害，发展国民经济，具有重要意义。

一、水土保持原则

设计与配置各项治理措施要遵循的原则如下。

（1）合理利用水土资源，调整土地利用结构，做好水土保持土地利用规划。

（2）将调节地表径流、拦蓄坡地径流、充分利用降水资源放在首位。因此，要提高土壤透水性及持水能力；在斜坡上修筑拦蓄径流或安全排导径流的工程设施，改变小地形；利用植被调节、吸收地表径流。

（3）提高土壤的抗蚀性。可采取增施有机肥料、种植根系固土作用强的作物、施用土壤聚合剂等措施。

（4）增加植被覆盖率，提高植被的防护作用。营造水土保持林，涵养水源，调节地表径流，防止侵蚀。

（5）对于已受侵蚀的土地，除防止进一步遭受侵蚀外，要辅以改良土壤物理、化学性质，提高土壤肥力的措施，把土地的保护与改良结合起来。

（6）在山丘区要以小流域为单元进行综合治理，使林草措施与工程措施相结合，治坡与治沟相结合，治理与开发相结合，做到集中治理、连续治理。

（7）因地制宜地进行水土保持规划与设计，采用综合治理

措施要充分考虑不同地区的自然条件、水土流失特点及社会经济条件。

（8）体现生态经济效益最优的原则。进行水土保持综合治理，要比较多种方案，选用生态经济效益最优的方案。

二、水土保持的综合措施

为了保护、改良与合理利用山丘区及风沙区的水土资源，需要采用综合措施。综合措施主要有水土保持耕作措施、水土保持林草措施和水土保持工程措施。

（一）水土保持耕作措施

一般来说，我国的水土保持耕作措施可分为两大类：一类是以改变地面微小地形，增加地面粗糙度为主的耕作措施，如等高带状种植、水平沟种植等；另一类是以增加地面覆盖和改良土壤为主的耕作措施，如秸秆覆盖、少耕免耕，以及间、混、套、复种和草田轮作等。具体采用哪种耕作技术措施，必须根据其适宜区域范围、适宜条件与要求来决定，不能生搬硬套，搞一刀切。具体措施如下。

1. 垄沟种植法

在川台地、坝地和梯地上采用垄沟种植法，在坡度为20°以下的坡耕地上使用，增产幅度明显，而且其投入比梯田与坝地少得多。

2. 等高耕种法

这是坡耕地保持水土最基本的耕作措施，也是其他耕作工程的基础。一般情况下，地表径流顺坡而下，在坡耕地上，采用顺坡耕种，会使径流顺犁沟集中，加大水土流失。特别在5°左右的缓坡和10°左右的中坡地区进行机械耕作时，往往如此。采用等高耕种法，对拦截径流和减少土壤冲刷有一定的效果。据研究，一般等高带状耕作的要求是坡度在25°以下，坡越陡作用越小；坡度越大，带越窄，带与主风向要垂直。降水量很少的旱地，要求坡度15°以下也可采用等高耕作法。

3. 残茬覆盖耕作法

即在地面上保留足够数量的作物残茬，以保护作物与土壤免受或少受水蚀与风蚀。有关资料显示：增加10%的地面覆盖，侵蚀减少20%；20%的残茬覆盖减少侵蚀36%；30%的残茬覆盖减少侵蚀48%。

4. 少耕法与免耕法

少耕法与免耕法在保护土壤方面有积极的效果。少耕法改善土壤通透性，有利于水分下渗。免耕法使土壤上层有机质含量增多，渗水性改进。这两种方法还节约了劳力、动力、机具与燃油的消耗，降低了生产成本，提高了劳动生产力；节约了耕作时间，减少因耕作损失的土壤水分；增加了地面覆盖，减少水土流失。在黄土高原坡耕地上，这两种方法有相当大的应用价值。

5. 多作种植法（也是水土保持耕作法）

把防侵蚀能力强的作物布置在坡耕地上，应用多作种植，充分利用自然资源，可提高单位土地面积生产力，同时也增强农田植被覆盖率，延长了覆盖时间（因收获期不同），因而是减轻水土流失的好办法，应该因地制宜加以运用。

（二）水土保持林草措施

林草措施是水土保持工程的最重要措施之一，对于保蓄水土、改善生态环境、充分利用荒山荒坡发展多种经营具有重要意义。这项措施主要包括造林种草、封山育林以及管理牧场草场等。在林草措施中，首要的是营造水土保持林，其中包括水源涵养林、护堤护岸林、固沙护坡林、保土护沟林、薪炭林和饲料林等。营造水土保持林的原则：以乡土优势树种为主，适当引进其

他优良树种；以营造混交林为主，不种单一树种；以速生树种为主，适地适树，以提高蓄水保土能力；以林为主，实行林农间作，发展多种经营，以提高经济效益；以生物措施为主，并与工程措施配合，以提高生态效益与工程效益。营造水土保持林，必须明确目的，统一规划，根据所在地区自然经济条件采用适当林种，设计适当林型。其主要的技术问题有树种选择、林型配置、整地造林方法等。

陡坡耕地是我国水土流失最严重的地方，解决这一问题的根本措施就是退耕种草、种树。据测定，黄土高原区陡坡地农作物和苜蓿的水土流失量相比，苜蓿比农作物减少径流量的93.7%，减少冲刷量的88.6%。陡坡地退耕种植林草，不但可治理水土流失，生态效益好，而且其经济效益也比种植农作物的效益高得多。

对于缓坡耕地特别是优质的缓坡耕地实行粮草间作、套作、复种的用养结合制度，可以达到改土培肥、防止水土流失和提高作物产量的目的。我国坡耕地多，分布的范围也广，适宜种草、种树，特别是在水土流失严重的地区更应大力提倡种草、种树。

（三）水土保持工程措施

工程措施是水土保持综合治理措施的重要部分，是指通过改变一定范围内的小地形（如坡改梯等平整土地）的措施，包括山坡防护工程、山沟治理工程、山洪排导工程、小型蓄水用水工程等。

1. 山坡防护工程

山坡防护工程主要是为了通过改变小地形来防止坡地水土流失。这类工程可以增加土壤降雨入渗，减少或防止形成坡面径流，从而增加农作物、牧草以及林木可利用的土壤水分。具体的工程措施包括梯田、拦水沟埂、水平沟、水平阶、水簸箕、鱼鳞坑、山坡截流沟、水窖（旱井），以及稳定斜坡下部的挡土墙等。

（1）梯田。梯田是在丘陵山坡地上沿等高线方向修筑的条状阶台式或波浪式断面的田地，能有效治理坡耕地水土流失，具有蓄水、保土、增产的显著作用。

（2）拦水沟埂。一种蓄水式沟头防护工程，主要作用是防止坡地水土流失，将雨水及融雪水就地拦蓄。

（3）水平沟和水平阶。这两种措施都是在坡地上进行的，通过沿等高线开沟截水和植树种草来防止水土流失。

2. 山沟治理工程

山沟治理工程的目的在于防止沟头前进、沟床下切、沟岸扩张，以减缓沟床纵坡、调节山洪洪峰流量。具体的工程措施包括沟头防护工程、谷坊工程，以及以拦调节泥沙为主要目的的各种拦沙坝，以拦泥淤地、建设基本农田为目的的淤地坝及沟道防岸工程等。

3. 山洪排导工程

山洪排导工程主要用于防止山洪或泥石流危害沟口冲积锥上的房屋、工矿企业、道路及农田等。这类工程通常包括排洪沟、导流堤等，以确保山洪安全排泄，不对沟口冲积锥造成灾害。

4. 小型蓄水用水工程

小型蓄水用水工程主要是将坡地径流及地下潜流拦蓄起来，以便灌溉农田、提高作物产量。这类工程包括小水库、蓄水塘坝、淤滩造田、引洪漫地、引水上山等。通过这些工程措施，可以有效地减少水土流失带来的危害，并合理利用水资源进行农业生产。

第三节　农业生态恢复工程

农业生态恢复工程是指运用生态学原理和系统科学的方法，把现代化技术与传统的方法通过合理的投入和时空的巧妙结合，使农业生态系统保持良性的物质、能量循环，从而达到人与自然的协调发展的恢复治理技术。

农业生态恢复工程技术分为防止土地退化技术、土壤改造技术、植被恢复与重建技术、土地复垦技术、小流域综合整治技术等五类。

一、防止土地退化技术

坡耕地退化在很大程度上与土地资源不合理利用有关。实施预防为主的方针，对现有不合理的人类活动，尤其是农业实践活动进行修正，优化产业结构配置，改革耕作制度，是防止土地退化的主要措施。

（一）合理耕作与轮作

采取合理的耕作方式，包括选择适宜的耕作深度、时间和方法，以减少土壤侵蚀风险。同时，实施合理轮作和休耕措施，有助于土壤养分的平衡，从而减少土壤退化的可能性。

（二）土壤监测与修复

积极开展土壤监测工作，及时发现土壤退化问题，并推行相应的修复计划。包括土壤改良、治理土壤重金属污染等措施，以提高土壤质量和肥力。

（三）退耕还林、还湖、还牧

针对某些地区农作物种植业比重过大、加速土地退化的问题，应采取退耕还林、还湖、还牧等技术措施。

二、土壤改造技术

土壤改造技术是针对缺乏生产力的土壤（如沙地、盐碱地和荒漠化土地等）实施的一系列生态恢复措施，旨在赋予这些土壤生产力或增强其生态功能。

（一）盐碱地的改造

改造盐碱地，主要采取水灌和种植两种方法。水灌不仅有助于滋生微生物，还能有效改良土壤质地，进而恢复其良性生态功能。同时，选择合适的植物种类进行种植也是改良盐碱地土质的有效途径。

（二）沙地和荒漠化土地的改造

改造沙地和荒漠化土地，应选择耐旱的草种或树种进行种植，不仅能有效防止沙漠化进一步扩展，还能固定流沙，从而在沙质土壤上构建出一个全新的、健康的生态系统，最终实现土地生产力的恢复与提升。

三、植被恢复与重建技术

根据土地退化程度的不同，进行植被的恢复与重建。

（一）对于正在发展的退化土地

对于正在发展的退化土地，其植被、土壤等变化尚处于初期发展阶段，可采取自然恢复的过程，最终使生态系统趋于一种动态平衡状态。

（二）对于严重退化的土地

对于严重退化的土地，由于地表割切破碎、植被在劣地发育，其恢复难度较大，则需配以适当的人工措施，达到控制土地退化的目的。

四、土地复垦技术

土地复垦是指对采矿等人为活动破坏的土地，采取整治措施，使其恢复到可供利用的期望状态的综合整治活动。这种活动是一个经历时间长、涉及多学科和多工序的系统工程。土地复垦工程的基本模式：复垦规划→复垦工程实施→复垦后的改良与管理。土地复垦技术是矿区生态环境恢复治理的主要技术措施。复垦后的改良措施和有效管理是使复垦土地尽早达到新的生态平衡、提高复垦土地生产力的重要保证。

五、小流域综合整治技术

因地制宜地发展生态农业，最大限度地提高一个坡面或小流域坡地的持续生产力，是小流域综合整治技术追求的目标。小流域综合整治技术包括以下 5 个方面。

(一) 高效立体种养技术

这种技术是在单位面积或特定区域内，充分利用温、光、水、气、土等条件和资源投入，通过现代化的科学技术构建生态农业体系。其特点是实现生物种群间的最佳结合，发挥生物间的相生相克作用，实现农田生态的良性循环和生物产品的多层次利用。

(二) 有机物多层次利用技术

这项技术模拟生态系统中的食物链结构，在系统中形成物质良性循环多级利用的状态。即一个系统的废弃物可以作为另一个系统的投入，废弃物在生产过程中得到再次或多次利用，从而在系统内形成稳定的物质良性循环。

(三) 生态防治植保技术

这属于一种植物保护技术，旨在预防和控制植物病虫草害，保护植物健康。它涉及植物病理学、昆虫学等多个学科的知识，并融合农业、生物等多种技术手段。生态防治植保技术注重采取农业防治、生物防治等方法，减少化学农药的使用，保护生态环境。

（四）再生能源工程技术

这是基于现有的技术和知识，针对处理和利用废弃物、污染物以及可再生能源的工程技术。在小流域综合整治中，可以利用太阳能、风能等可再生能源来替代传统的化石能源，同时探索将废弃物、污染物转化为可再生能源的途径。

（五）农工相结合的配套生态工程技术

这项技术结合了农业和工程技术的优势，旨在实现农业生产与工业技术的有机融合。通过合理配置农业和工业资源，优化产业结构，提高资源利用效率，减少环境污染，促进农业和工业的可持续发展。

第八章　绿色种养循环农业典型案例

第一节　天津市武清区：构建绿色种养循环体系，协同推进农业稳产高产与生态环境保护

天津市武清区是天津市种植大区和养殖大区，耕地 137 万亩，粮食播种面积 108 万亩、蔬菜 33 万亩、水果种植面积 4.55 万亩，全区养殖业年产畜禽粪污约 145 万吨，农作物秸秆、尾菜、果树残枝总数约 125 万吨。近年来，武清区坚持“绿水青山就是金山银山”理念，立足本地农业资源禀赋条件，以资源环境承载力为基准，不断优化种养结构，加快发展绿色种养循环农业，构建农业生态循环链条，推广生态种养模式，推进畜禽粪污还田利用，促进农业资源环境的合理开发与有效保护，探索出一条种养结合循环农业发展的农业绿色发展新路子。通过粪污资源循环利用，武清区土壤肥力稳步提升，每年可增产粮食 8 840 吨、蔬菜 48 000 吨，每亩为农民节约化肥支出 110 元。2022 年，全区粮食、蔬菜产量分别达到 52 万吨、96 万吨，小麦、蔬菜亩产分别增加 1.7%、5%，实现保供给与保生态的“双赢”目标。

一、加强组织领导，创新示范引领机制

成立工作领导小组。成立区长任组长、分管副区长任副组长

的绿色种养循环项目工作领导小组。领导小组下设办公室和技术指导小组，区农业农村委员会负责日常工作推进和技术指导工作。领导小组定期召开联席会议，会商项目实施工作进展，协调解决有关重大问题，检查督办项目任务清单落实情况，确保按期保质完成项目目标。**加大资金支持力度。**根据粪污类型、运输距离、施用方式、还田数量等合理测算各环节补贴标准，制定第三方处理收费服务标准。2021 年，武清区开始实施绿色种养循环试点区项目，进一步优化种植业、养殖业结构，搭建农业内部循环链条，投入 1 000 万元补贴资金，整区开展粪肥就地消纳、就近还田奖补试点，用于对试点运行绿色种养循环模式较好的新型经营主体和社会化服务组织进行奖励。**全面加强环保执法监管。**区人民政府建立畜禽粪污治理长效管理机制，各部门分工负责，保证畜禽污染防治效果。区环保部门负责畜禽养殖污染防治的统一监督管理，区国土部门负责协调落实项目用地，区农业部门负责畜禽粪污综合利用的指导和服务，区循环经济发展综合管理部门负责畜禽养殖循环经济工作的组织协调，区其他有关部门依照规定和各自职责，负责畜禽养殖污染防治相关工作，镇（街）人民政府协助有关部门做好本行政区域的畜禽养殖污染防治工作。

二、健全废弃物利用设施，夯实种养循环基础

改造提升规模养殖场粪污贮存设施。指导全区规模畜禽养殖场（小区）按照“三改两分再利用”、种养一体化等模式处理畜禽粪污，建设粪污存储、收集、处理、转运等设施。累计投入财政及自筹资金 4 亿多元，实现所有规模畜禽养殖场户全部配套建设粪污处理设施。**养殖密集区建设粪污集中处理中心。**依托 2 个种植/养殖大户和一个蚯蚓有机肥厂，建设 2 个畜禽废弃物资源

化利用中心和 1 个蚯蚓有机肥厂，形成武清区“2 个肥水消纳中心，1 个粪便消纳中心”的畜禽废弃物资源化利用格局。**构建大型养殖场种养结合模式**。筛选出 30 余家种养循环示范场，增加建设防渗膜污水储存囊 8.67 万立方米，并配套相应设施设备，加快构建“存得住、用得了”武清区种养结合模式。

三、健全粪肥还田模式，提升耕地地力

推行粪肥还田综合利用。结合作物需肥特点、不同地力条件、不同产量目标，设置粪肥还田利用示范点，重点明确固体粪肥和液体粪肥两种粪肥还田模式。严格落实“源头减量—过程控制—末端利用”畜禽粪污资源化利用途径，加强对畜禽粪肥还田方式、时间、用量等方面的指导，推动畜禽粪污就地就近全量还田。年消纳畜禽粪便 13.5 万立方米、粪水 3.5 万立方米以上，相当于 1 379 吨尿素和 727 吨普钙磷肥，项目区化肥用量减少 3%以上。**发展粪肥还田社会服务**。发展养殖场户、服务组织和种植主体紧密衔接的粪肥还田全链条组织运行模式，通过社服组织和生产企业实现畜禽粪污资源化利用达 17 万立方米，服务各类型种植作物面积超过 10 万亩，带动全区种养结合、畜禽养殖粪污循环利用模式的推广应用，推动武清区农业绿色高质量发展。**建立粪肥还田监测制度**。对实施粪肥还田利用的第三方服务机构应对粪肥养分进行定期检测，每年不少于两次，重点监测氮、磷指标并提供检测报告。同时做好施肥地块的土壤养分检测，及时了解土壤氮、磷含量水平，根据作物养分需求和粪肥中氮、磷含量水平确定粪肥施用量。通过 23 个点位监测数据显示，土壤有机质提升 7.67%，全磷提高 8.93%，耕地地力明显提升。

绿色种养循环产业模式的大面积推广，促进全区禽畜粪污等农业废弃物综合利用，培养了种植主体积造有机肥、使用有机肥

的良好习惯，改善农村人居环境，助力美丽乡村建设，促进形成产业布局合理、产品绿色生态、资源利用高效、生产全程清洁、环境持续优化的现代农业发展格局。

第二节　上海市金山区：聚焦种养循环“四个关键”，协调推进产地清洁与稳产高产

金山区位于长江三角洲南翼，上海西南部，现有耕地面积32万亩，划定粮食生产功能区、蔬菜生产保护区和特色农产品优势区面积共18.4万亩，规模化畜禽养殖场20家，全区规模化畜禽粪污年产生量约为20.6万吨，其中固体粪污6.3万吨，液体粪污14.3万吨。近年来，金山区立足上海国际大都市郊区，不断践行生态循环农业理念，积极推广绿色种养循环模式，以实施畜禽液体粪肥还田利用工作为抓手，带动社会化服务组织发展，促进种养殖主体间紧密结合、互惠互利，不断提升农产品绿色认证和品牌化水平，助力农业稳产高产与绿色发展。

一、把好畜禽粪肥“质量关”

严控粪肥源头。严格要求养殖场除畜禽粪尿水以外的生活污水、雨水、消毒水、奶牛挤奶清洁消毒水等其他污水均不得混入还田液肥中。**规范粪肥处理**。要求畜禽养殖的液体粪尿水按照《粪便无害化处理技术规程》标准，进行厌氧（或厌氧+好氧）发酵等无害化腐熟处理过程后还田，确保处理后的还田粪肥的各项重金属、卫生学指标符合标准。**加强粪肥质量抽查**。区农技中心与区动物疫病控制中心分别开展液体粪肥质量抽检，不定期对处理前后的液体粪肥进行采样，掌握液体粪肥的养分含量和质量情况。

二、强化社会化组织还田“服务关”

遴选服务组织。以开展液肥还田养殖企业的原有粪污处理服务单位为基础，按照企业自荐、镇级审核、区级筛选的方式，全区确立第三方服务主体，构建“养殖企业—第三方服务主体—种植户”为主的服务模式，提供粪肥还田全环节专业化服务，形成以“管网还田”“罐车运输直接还田”“罐车运输+储肥罐（池）+X”等多种服务模式。目前，全区5家第三方服务组织共有7台液肥专用槽罐车，容量70立方米，运行良好。**提升服务质量**。根据需要还田液体粪肥的数量、养分含量以及作物推荐化肥用量、化肥减量目标，确定还田时间、还田数量和次数。施用总量不得超过《畜禽粪便生态还田技术规范》标准规定的各类农田畜禽液肥年最大施用量。装备设施不断优化提升，全区管网长度27.5千米，覆盖0.84万亩。**做好服务管理**。引导专业化服务主体与畜禽养殖场、镇畜禽管理部门签订三方协议、与使用主体（农户）和监管主体（镇、村委会）签订四方协议，专业化主体建立粪肥收集（养殖场签字确认）、处理、转运（运输车辆或管网运行记录）和施肥（镇、村委会确认）四本台账。

三、提升液肥利用“技术关”

成立专家指导小组。成立绿色种养循环农业试点专家指导小组，落实专家“一对一”指导机制，每个专家对接一家养殖场和相应的第三方服务组织进行对口指导。建立专家基地对口联系和联合巡回技术指导相结合的技术指导方式，规范有机粪肥科学还田，提升农技人员、第三方服务组织实施人员和种植户的技术水平。**集成主推技术模式**。形成水稻、蔬菜、果树三大作物的液体粪肥生态还田技术模式，使“臭粪水”变成了“好液肥”，实现了粪污的资源化循环利用，全区畜禽粪污综合利用率达到90%以上。制定金山区水稻、蔬菜、果树液体粪肥还田技术方案。将液体粪肥还田技术列入《金山区绿色食品水稻生产操作规程》，创新应用水肥一体化还田模式。通过施用液体粪肥，每亩节省有机肥307千克，节省化肥18.5千克，节省人工费153元，每亩增产46千克，增收约417元。**建立示范试验区域**。建立20个监测点，开展50个农户施肥情况和效果监测调查，用调查监测数据，评价粪肥还田在提质增效、化肥减量、地力培肥等方面的作用。建立粮食、蔬菜、果园绿色种养循环示范点3个，示范总面积1 977亩；开展有机液肥还田试验3个。2022年全区化肥用量较2020年下降16%。

四、推进产业绿色“发展关”

建设示范基地。聚焦水稻作物，以示范方、示范片创建为抓手，集成推广一批集高产优质品种、绿色高产高效栽培、全程机械化生产、节水好氧灌溉、病虫草害绿色防控为一体的水稻绿色高产高效技术，打造一批具有产业化优势的示范基地。**培育农业联合体**。大力推广以龙头企业带动合作社，合作社带动基地，基地带动农民的产业化模式，从而形成“龙头企业+合作社+家庭农场/散户基地”的产业化联合体。统一运行管理模式，指导带动农户提升生产技术，提高标准化水平和品牌化销售能力。**打造区域品牌**。实施农业生产“三品一标”行动，累计创建农产品绿色生产种植基地9.27万亩。“金山蟠桃”“亭林雪瓜”“枫泾猪”3个农产品获国家农产品地理标志认定，2022年金山区绿色食品获证企业达到111家，产品220个，产量119 840.18吨，绿色认证率达31.25%。开展多渠道推介活动，与京东、盒马、叮咚、美团买菜、东方购物等大型电商合作，让“金山味道”品

牌农产品搭上进城“快车”。

第三节　青海省湟源县：创新特色种养循环模式，打造高原畜牧业高产高效发展新样板

湟源县位于青海湖东岸、日月山东麓，是青海省东部农业区和西部牧业区的结合部，具有较好的农牧耦合优势和丰富的农牧业发展资源。近年来，湟源县立足全县高原冷凉气候和无污染绿色优势，依托饲草、青稞、牦牛、藏羊等优势主导产业，按照因地制宜、小步探索、分类推进的原则，以创建绿色有机农畜产品输出地重点示范县为契机，大力发展农牧业循环经济，打造高原畜牧业绿色发展新模式、新典型，推动畜牧业高质量发展取得扎实成效。经过多年的发展，湟源县饲草产业已成为全县重要支柱产业，全县饲草种植面积 9.3 万亩，存栏牦牛藏羊保持在 50 万头（只）以上，以青贮饲草作为日粮主要组成部分，每头肉牛每年可节约生产成本 600 余元。

一、打造绿色原料基地，夯实农牧业发展基础

建设饲草基地。在符合条件的乡镇加大标准化绿色原材料生产基地建设，累计完成青稞、马铃薯、饲草、蔬菜及小油菜作物良种繁育基地 2.07 万亩，建立集中连片饲草料生产基地 48 个，优质饲草生产基地 5.8 万亩，年产鲜草 20 万吨，构建了“育繁推”一体化服务体系，为稳定循环农牧业发展奠定了坚实基础。**发展种养结合**。通过人畜分离项目实施、新型职业农民培训、基层农技推广体系建设等，引导种植养殖大户从单一养殖向饲草种植、种养结合、加工销售等多元化发展方向转变，通过种草养畜循环发展，实现村集体和养殖户创收双赢。**应用绿色技术**。引进

饲草新品种 15 个，创新使用禾豆混播、分带间作、轮作、起垄覆膜穴播、有机肥替代化肥、追施叶面肥等技术，解决了传统饲草种植品种单一、产量偏低、品质欠佳、土壤盐渍化等根本问题，有效促进了饲草种植品种多样化，大幅提升了鲜草产量。通过引进新品种和新技术，全县饲草良种覆盖率达到95%以上，饲草料种植收入显著提升。以种植燕麦、黑麦饲草作物为例，亩产鲜草 2. 5 吨，纯利润 300 余元，较传统种植增收 200 余元。

二、发展生态循环农业，推进种养结合发展

加快规模化发展。按照“整体推进、种养平衡、生态循环、综合利用”发展思路，推动畜禽产业持续壮大，规模化水平不断提高。目前，全县有年出栏 100 头（只）以上的家庭农牧场、规模养殖户 1 000 余家，建成年出栏 500 头（只）以上的标准化规模养殖场 136 家，畜禽养殖规模化率达到 90%。**实施粪污资源利用**。新建“人畜分离”集中养殖小区 7 个，不断完善规模养殖场（小区）畜禽粪便综合利用配套设施，规模养殖场粪污设施配套率达 90%。整县推进粪污资源化利用、有机肥替代化肥，全县畜禽粪污综合利用率达到 86%。**构建循环格局**。培育饲草秸秆收储运、粪肥还田社会化服务组织，引导种养双方建立紧密型利益联结机制。充分利用农牧交错区特色农牧业资源，推行“西繁东育”、草畜联动、飞地加工等模式，实现农区牧区结合、产业经济循环、区域协同发展，构建“特色种植+生态养殖+农畜产品加工+废弃物资源化利用”农牧业一体化循环发展新格局。

三、深耕畜产品精深加工，延长产业发展链条

推进产业集聚发展。罗列产业链项目清单，绘制产业链图谱目标企业，建设高原地标农产品交易港、乡村振兴产业孵化园、

日月牦牛国家级产业强镇等产业集群，促进农产品加工业提档升级。年产 1 000 吨高原农畜产品、年产 1 万吨青稞及系列产品加工、“茶马互市”产业链、藏羊产业集群等重点项目相继落地，湟源畜产品加工产业稳步向规模化、聚集化方向发展。**推进全链条发展**。围绕“讲好一头牦牛的故事”，推动牦牛生态养殖、精细分割、肉制品深加工、皮毛血骨脏深加工产业发展，建成青海众和、日月山牧场 2 条万吨牛羊屠宰线。稳步扩大龙头企业生产规模，不断提升新兴企业生产加工能力，推动牛肉干、青稞米等特色农畜产品向精深加工发展。

四、强化品牌打造营销，提升发展质量效益

打造特色品牌。积极打造“河湟田源 · 日月臻品”区域公共品牌，认证“三品一标”农产品品牌 33 个、“湟源牦牛肉”等地标农产品 3 个。按青贮标准体系调制加工成青贮饲草喂养的牦牛，与传统以精饲料为主饲养的牦牛相比，其特有的脂肪色泽比传统舍饲养殖的更加纯正，肌间脂肪增加，肉质嫩鲜，具有“草膘肉”的独特风味，畜产品实现优质优价。**积极推广营销**。建成全省首个“茶马互市”线上活畜交易平台，实现年交易量 20 万头（只），交易额达到 3 亿元以上。建立“公司+基地+村集体订单销售+养殖合作社订单+养殖户订单”生产运营模式，通过电商平台等销售渠道将优质畜产品推向市场，直接或间接带动农户 1. 5 万人以上，年输出绿色有机畜产品 20 万吨以上，为优质畜产品进城树立良好的典范。

第四节　宁夏回族自治区平罗县：推广稻渔综合种养模式，开辟粮食增产增收增效新模式

平罗县地处宁夏平原北部，38°黄金纬度赋予农作物充足的日照，光热水土和地理条件得天独厚，为平罗县发展水稻产业提供了优势资源和便利条件。以往传统的种植模式存在田间杂草多、化肥农药使用量大、产量低、品质差等问题，制约了水稻产业高质量发展。近年来，平罗县积极推广“稻渔共生”种养新模式，全县稻渔综合种养面积累计达到2.2万亩，较常规水稻种植净增利润539元/亩，不仅打造了“稻在水上生，鱼在水中游”的田园美景，同时促进了稻田生态系统良性循环，实现“一水两用，一田双收”，一幅稻花香里说丰年的新画卷正在平罗县徐徐展开。

一、在提升耕地质量上下功夫

激光平地整地，改善生产条件。推广应用大型机械激光平地仪平整土地，扩大农田有效灌溉面积，降低地下水矿化度，切断盐分通过土壤毛管水上升聚集在地表的途径，有效提升耕地质量。**秸秆深翻耕地，提高土壤透气性。**水稻收获时留高茬10~15厘米，通过推广机械粉碎、深翻还田处理，改变了土壤物理性状，显著改善了土壤微环境，促进水稻根系下扎，增加肥料溶解能力，减少化肥挥发和流失。**化肥减量替代，提高土壤肥力。**通过有机肥替代化肥措施，合理确定有机肥用量，平衡了土壤养分结构，有效解决化肥施用不合理引起的土壤盐渍化、土传病害等问题，也提高了土壤持续供肥能力。**优化种植模式，降低土壤盐碱。**平罗县耕地盐渍化程度较高，通过稻鱼共生，即在田间四周

开挖环沟养殖鱼蟹，以鱼治碱，稀释盐碱，改善土壤成分，进一步优化了“种稻洗盐”模式，提高了盐渍化耕地的使用效果。

二、在绿色技术推广上做文章

推广良种良法配套。水稻主推品种以宁粳43优质食味性品种为主，结实率达84%，精米率达80.6%，米质优，食味佳，米质达国标优质米1级。采用精量穴播技术，有效降低种植密度，减轻稻瘟病发生。**推广绿色防控技术**。在水稻拔节至抽穗期，将鱼、鸭放养于稻田中，利用鱼、鸭觅食稻田内杂草等有害生物，同时，在稻田内安装性诱捕器、太阳能频振式杀虫灯诱杀黏虫、棉铃虫等害虫，既有效防御了稻田有害生物，又减少了农药使用量。**推广测土配方施肥技术**。水稻全生育期氮、磷、钾（N-P_2O_5-K_2O）按照16-8-5施用，并采用侧深机械施肥、新型机具无人机喷施，降低化肥使用量，提高肥料利用率，2022年平罗县水稻化肥施用量（折纯）27.3千克/亩，较上年降低1.55千克/亩。**推广水产健康养殖技术**。稻田水深保持在一定深度，要求水质清新，溶氧丰富，高温季节坚持勤换水，养殖品种以鲫鱼、鲤鱼、草鱼等品种为主，每亩放养100多尾淡水鱼。**推广秸秆综合利用技术**。积极将水稻秸秆以饲料化、肥料化、稻草编织等形式加以利用，2022年全县水稻秸秆产生量为7.4万吨，其中留高茬还田作肥料1.1万吨，打捆回收作饲料5.6万吨，秸秆综合利用率达92.35%。

三、在农民增收提效上出实招

平罗县充分发挥水稻种植优势，在水稻种植方面注重绿色高效技术实施，在提高农民收入方面注重多方探索，不断提升水稻产业发展优势，实现稳粮增收、稻渔提效。**党建引领提活力**。近年来，以通伏乡新丰村为代表的基层组织，坚持以党建引领产业发展，积极探索“村党组织+合作社+农户”模式，村党支部牵头成立合作社，流转土地建设优质水稻种植园区和稻米加工基地等，引导农户入社耕地，以股份制合作方式盘活农村土地资源。**综合种养增效益。**平罗县积极探索稻渔综合种养不仅实现了资源节约、环境友好的农业绿色发展，也实现了产品安全、产出高效的农民增收新路子。据测算，常规水稻种植净利润约为 543 元/亩，稻渔综合种养净利润约为 1 081.5 元/亩，每亩净增利润 539 元。

四、在产品价值提升上求突破

为进一步盘活产业发展思路，不断延伸产业链，拓宽增收渠道，平罗县在水稻耕种收、加工、销售、休闲农业等方面持续发力，积极探索一二三产业融合发展。**推动产业延链。**整合各类项目，建设田间学校、标准化晒场、标准化储粮仓、大米加工厂、中转库、机库棚、成品库等基础设施，为延伸水稻产业链条奠定坚实基础。2022 年全县种植水稻 14.2 万亩，平均亩产 481 千克，总产量为 68 302 吨；全县农村居民人均可支配收入 2.1 万元，同比增加 0.12 万元，增长 6.4%，实现产量和收入“双增收”。**推动品牌打造。**近年来，相继注册“稻花香”“超娃”“宁禾谷”“昊香”“通付”等大米品牌，打响了大米“区域品牌+企业品牌”，同时，建立富硒大米电商工作室，与来自浙江、上海、北京等城市的客商建立长期合作关系，打通线上线下销售渠道，产品现已销往北京、上海、广州等一线城市。**推动农旅融合。**将稻+渔生态种养示范区引入旅游观光、休闲娱乐等元素，打造全时性稻米农耕体验园，建设生态观光长廊，开展休闲钓鱼、观光采摘等活动，大力发展休闲农业与乡村旅游，通过发展“稻渔共

生”打造出了农村经济发展、农民共富的“新赛道”。

第五节　江苏省苏州市太仓市：加强秸秆饲料化利用，打造“四个一”生态循环模式

太仓市位于江苏省东南部，东濒长江、南邻上海，全市总面积 809.93 平方千米。2020 年太仓市水稻播种面积 16.5 万亩、小麦播种面积 13.74 万亩，农作物秸秆年产生量约 20 万吨。近年来，太仓市围绕以城厢镇东林农场为核心的现代水稻产业园区，着力打造“四个一”生态循环模式，示范带动全市秸秆综合利用取得积极成效。

一、打造“四个一”现代农牧循环模式

以秸秆饲料化增值利用为核心环节，将稻麦粮食生产确定为主导产业，根据主导产业确定秸秆饲料化、草饲家畜养殖、有机肥生产等关联产业规模，打造秸秆增值利用“四个一”现代农牧循环模式。“一株草”，利用秸秆收集装备，将秸秆收集到饲料厂生产饲料。“一头羊”，生态羊场养殖本地湖羊，每只羊每天可消耗秸秆饲料 1.5 千克。“一袋肥”，羊粪被收集到肥料厂，与秸秆、菌渣等混合发酵生产有机肥，每年可生产有机肥料 3 000 吨。“一片田”，有机肥施用于稻麦田和生态果园，生产优质稻米和蔬果。

二、组建产业化联合体

通过“四个一”生态循环模式，组建产业化联合体，提升产业链附加值，实现一二三产融合发展。一是生态种养循环农业链条。创新实行“羊-肥-稻、果”生态循环农业模式，将发酵

装置、羊舍、水稻果园、微水池有机整合，实现肉羊养殖和水稻蔬果种植的有机结合。二是秸秆利用产业化链条。建成高水平的秸秆饲料厂、肥料厂，稻麦秸秆发酵后制成高质量饲料，喂养生态湖羊，湖羊将秸秆饲料过腹消化，产生粪便、沼渣、沼液等制成有机肥料。三是优质农产品一体化产业链条。运用现代化工厂育苗与富硒苗培育结合等技术，将含硒秸秆等农作物副产品加工成饲料，饲喂畜禽，产出富硒农产品，形成“种植-饲料-养殖”产业链循环。

第六节　甘肃省临夏回族自治州广河县：推动绿色种养循环，擦亮寒旱农业生态底色

广河县地处甘肃省中南部，地势自西向东逐渐倾斜，平均海拔 1 953 米，干旱少雨、水资源短缺。全县耕地面积 42 万亩，玉米种植占 90.8%以上，牛、羊存栏分别达到 13.5 万头、135 万只。创建国家农业绿色发展先行区以来，广河县以循环农业为突破口，大力发展旱作农业，推进秸秆高效利用和过腹还田，促进耕地地力显著提升，减少化肥农药用量，农业绿色发展取得阶段性成效。

一、构建多元投入机制

加大财政资金投入，安排财政资金 1 100 万元推广粮改饲 21.5 万亩。扶持各村设立废旧地膜回收点、乡镇设立回收站，建立回收总站，以 1.2 元/千克价格集中回收废旧地膜。建立绿色金融联席会议制度，加大绿色信贷支持，不断拓宽农业绿色发展资金投入渠道。

二、扶持一批实施主体

推广“龙头企业+合作社+农户”模式，扶持粮改饲企业16家，年加工生产青贮饲料100万吨以上，受益农户超过3.5万户，促进秸秆综合利用。在养殖密度集中区域，建设小型有机肥分散收集处理点22个、中型有机肥加工点2个，将畜禽粪便转化为有机肥料。

三、健全科技支撑机制

在科研项目、经费支持、人才引进等方面给予政策倾斜，引导科技人员开展农业绿色发展新品种、新技术、新机具、新材料研究。举办学术研讨会、绿色农业论坛、农产品和农业技术展销会等交流活动，开展科技合作交流培训班，选派优秀人才赴外地考察、研修、培训，提升科技人员技术水平。

四、建立绿色发展支撑体系

每年安排专项资金，支持农业绿色发展技术应用试验试点区建设，实施生物降解地膜、化肥减量增效、绿色优质抗逆高产作物新品种、玉米全程机械化及秸秆饲料化利用、高标准可回收地膜评价等技术应用试验。建设农业绿色发展长期固定观测试验站，设置长期固定观测点9个，开展长期固定观测试验。

第七节　湖北省黄石市大冶市：绿色种养促循环，修复耕地保安全

大冶市位于湖北省东南部，是湖北粮食主产县和畜牧大县。近年来，大冶市坚持“绿色发展、生态富民”，推进国家农业绿

色发展先行区建设，以改善生态环境和保障粮食安全为目标，实施绿色种养循环和耕地生产障碍修复利用，推进农业绿色发展水平不断提升。

一、以规划为引领，下好“先手棋”

摸清大冶市 12 个乡镇 171 个村的土壤环境质量，完成耕地类别划分，绘制市、镇、村三级耕地障碍修复利用分布图。根据全市受污染耕地状况、现代农业产业优势、区域特点等，规划产业方向和布局，发展休闲农业与乡村旅游，建成一批休闲农业示范点、多条精品休闲农业和乡村旅游线路。2021 年大冶市被认定为“全国休闲农业重点县”。

二、以项目为载体，答好“治理卷”

推进绿色种养循环农业试点项目。培育粪肥还田服务组织，建设一批田间粪肥临时储存池、粪肥还田管网等设施，构建粪污“收集–处理–施用”全链条组织运行模式，减少化肥施用。实施受污染耕地安全利用项目。针对可安全利用类受污染耕地，采取深翻耕、土壤调理、低吸收作物品种、叶面调理等农艺措施，确保农产品达标。针对严格管控类受污染耕地，采取经济作物替代种植等结构调整措施，严控重金属向可食用农产品转移。

三、以制度为保障，打好“组合拳”

成立大冶市耕地障碍修复利用领导小组和工作专班，压实工作职责，建立日常督导监管机制。选择全国优势科研院所为技术支撑，建立专家团队服务机制。创建耕地安全利用试验示范区，建立耕地安全利用联合攻关试验示范基地，聘请专家开展讲座和现场指导，提高新型农业经营主体和农户绿色生产技术水平。

第八节　河南省平顶山市宝丰县：畅通种养循环关键节点，推进农业绿色发展

宝丰县位于河南省平顶山市，西倚伏牛山脉，东瞰黄淮平原，以丘陵、平原地形为主，耕地面积 54 万亩，是生猪奶牛养殖大县。近年来，宝丰县坚持“绿水青山就是金山银山”发展理念，按照“农牧结合、生态循环”发展思路，聚焦粪污综合利用，创新种养结合模式，全面提升废弃物资源化利用水平，探索出一条安全、高效、绿色、生态的现代农业发展新道路。

一、强化政策引导，明确激励约束基点

编制印发《宝丰县绿色种养循环农业试点实施方案》，引导农户和新型农业经营主体发展农牧结合、林牧结合等绿色生产方式。在河南省率先出台《宝丰县农业产业负面行为清单》，明确区域内限制类、禁止类农业产业目录，划定农业绿色发展约束“底线”。与华中农业大学、河南科技大学等院校签订了战略合作协议，强化农业绿色发展技术指导。

二、创新发展模式，扩大种养结合试点

在全国首创“百亩千头生态方”种养结合循环发展模式，以 100~200 亩耕地为一个单元，配套建设一个占地 2~3 亩（含粪水发酵池等设施）一次出栏 1 000 头生猪的育肥生产线，每年养殖两茬共出栏 2 000 头，养殖粪便发酵处理后就地利用于农田。种养结合实行 2~3 年后，中低产田地力水平可提升 1~2 个等级，农作物产量可提高 10%~30%。

三、建立服务体系，打通粪肥还田堵点

依据规模化养殖企业产生的粪污量、土壤消纳能力和运输成本等因素，科学规划粪污还田地域和面积。通过以奖代补等方式，建立“政府+养殖主体+服务组织+种植主体”有机衔接的畜禽粪污还田利用综合服务体系。公开遴选 14 家社会化服务组织，由服务组织链接养殖和种植主体，开展粪肥施用全过程专业化服务。成立技术服务小组，设立 22 个监测点，建立还田信息台账，对粪肥质量、土壤理化指标长期跟踪监测。

四、聚合资源要素，解决贷款融资难点

通过构建多元化投入机制，为农业绿色发展提供资金保障，解决农业企业“贷款难、融资难”问题。整合粪污资源化利用、秸秆综合利用、全国绿色种养循环农业、高标准农田建设等各项财政资金，设立贷款贴息、以奖代补等方式引导社会资本投资支持农业绿色发展。

参考文献

陈义，沈志河，白婧婧，2019. 现代生态农业绿色种养实用技术［M］. 北京：中国农业科学技术出版社.

李吉进，张一帆，孙钦平，2022. 农业资源再生利用与生态循环农业绿色发展［M］. 北京：化学工业出版社.

李素霞，刘双，王书秀，2017. 畜禽养殖及粪污资源化利用技术［M］. 石家庄：河北科学技术出版社.

唐洪兵，李秀华，2016. 农业生态环境与美丽乡村建设［M］. 北京：中国农业科学技术出版社.

肖良武，蔡锦松，孙庆刚，等，2019. 生态经济学教程［M］. 成都：西南财经大学出版社.